WORLD HEALTH ORGANIZATION

家畜肿瘤
国际组织学分类

INTERNATIONAL HISTOLOGICAL
CLASSIFICATION OF
TUMOURS OF DOMESTIC ANIMALS

世界卫生组织专家组◎编

陈怀涛◎主译

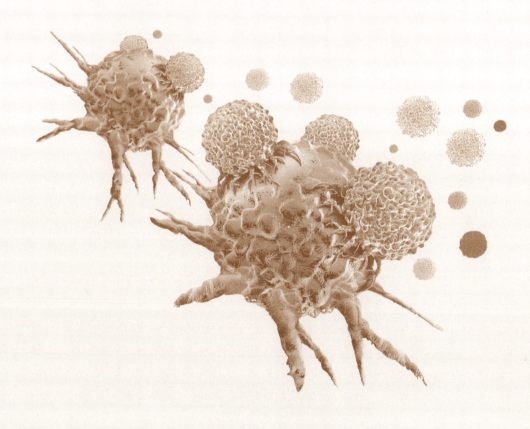

中国农业出版社
北京

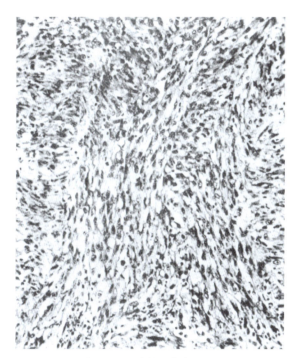

图 4-13　平滑肌肉瘤（牛）

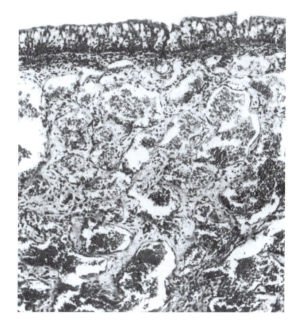

图 4-14　血管瘤（牛）

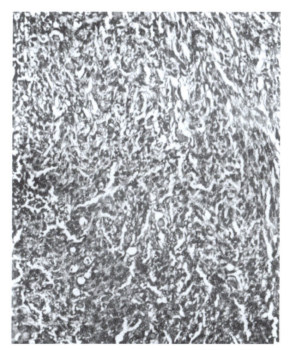

图 4-15　血管肉瘤（牛）

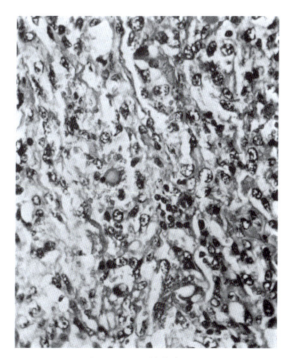

图 4-16　血管肉瘤（牛）

第五章　神经系统肿瘤

R. Fankhauser，H. Luginbühl 和 J. T. Mcgrath

家畜的神经系统肿瘤并不像通常认为的那样罕见。在犬，尤其是那些短头品种，这些肿瘤和人的一样，经常可以见到。肿瘤是按如下组织来源进行分类的：神经细胞、神经上皮、神经胶质、外周神经和神经鞘、脑（脊）膜和血管、松果体和垂体以及颅咽管。神经胶质的肿瘤比较普通，并分为如下类型：星形细胞瘤、少突胶质细胞瘤、胶质母细胞瘤、成胶质细胞瘤、髓母细胞瘤和未分类的神经胶质瘤。

长期以来，人们一直认为家畜的神经系统肿瘤极为罕见。农畜可能是这样的，但在犬肯定不正确，尤其是有些短头品种，它们和人一样，这些肿瘤也很常见。在家畜，要想获得中枢神经系统肿瘤的发生及其各种类型的可靠资料，还需要采用更为精确的方法进行大量研究。由于某些原因，临床检查不是这些肿瘤很可靠的确诊方法，尤其是农畜。在拳狮犬和波士顿梗这样一些品种的犬，脑肿瘤，尤其是神经胶质瘤的高发生率，常常被认为与短头有关，但很可能这只是一种巧合，因为拳狮犬身体其他部位的肿瘤也特别常见。

本分类是根据对约 1 000 个家畜神经系统肿瘤的研究作出的，由于篇幅所限，仅涉及较典型的方面，也不能讨论有争议的地方，不能包括各种软组织和副神经节的肿瘤或继发性肿瘤。我们还受到缺乏生物学资料的限制，如详细的临床病史、追踪检查的情况以及术后表现，这些因素就像在人类肿瘤分类时一样都很重要。同时，由于缺乏统计数据，不可能将某类肿瘤的数目同家畜头数乃至剖检头数做比较，因此每种肿瘤的发生率，只能用它在研究的神经系统肿瘤总数中所占比例来表示。

我们想把分类明确的神经系统肿瘤，就其最具特征的方面做一概述，但不可能考虑同一个肿瘤中经常看到的组织学变化差异，也不可能考虑那些未分类的或有争议的模式，尤其是神经胶质瘤。因此，家畜和人的神经肿瘤之间，以及家畜自发性和实验性肿瘤之间，都会存在某些差异，这些都是可以理解的。应当强调的是，间叶肿瘤在家畜（短头犬除外）要比人的多些；同时，神经胶质瘤在家畜也有明显的"间叶化"（mesenchymation）趋势，即血管和伴随的间叶组织增生。

神经系统肿瘤的分级

Kernohan 等（1949）曾建议，在神经系统肿瘤中，凡是形态上明确的类型，可按照下列特征，定出恶性的级别：分化情况、多形性、有丝分裂指数、侵袭性、退行性变化及脑脊液途径的转移情况。在人，这种分级是结合生物学数据做出的，因此在常规诊断中能帮助做出预后。在家畜，由于通常缺乏这些相关资料，故其分级是没有生物学基础的尝试。

技术要点

为了在检查神经系统肿瘤时获得可靠结果，整个中枢神经系统和相关结构的材料，必须以适当的方法采集和固定。最好将完整的大脑、脊髓和其他组织放在一个大缸里固定，里面装有足量缓冲的中性福尔马林-生理盐水（1：9），底部垫以棉花。材料通常要在完全固定后切开，根据器官大小需要2～3d。凡是大的脑髓（如牛、马），应平放横切成两片或四片，以促进固定液的渗透。凡是固定好的脑髓，根据其大小，都可平放横切成5～10mm厚的薄片，这样可以避免变形。虽然颜色会变，但出血、液化、黏液变性和水肿等病变，还是容易辨别的。小的脑髓（如犬、猫），建议将内有肿瘤、平放横切的组织块进行包埋。大的脑髓，或者条件不足的，应从5～10个部位选取大小足够的组织块，同时带有适当的邻近脑组织，以便确定其解剖学上的位置。即使在这种情况下，也应力求按平放横切方式取得组织块。

组织学

　　按照上述条件，用 HE 染色的切片，就可对大多数肿瘤做出恰当的诊断。但是，为了严格区分神经外胚层和中胚层肿瘤，有时需要使用网状纤维染色。我们用的一套常规染色是：HE 染色、哥德纳（Goldner）三色染色、怀尔德（Wilder）或高莫立（Gomori）网状纤维染色、luxol-fast blue*-cresyl violet 染色和 luxol-fast blue-Holmes silver nitrate 染色。为了特定目的，也采用了其他染色方法。毛勒（Maurer）浸银法染色检查冷冻切片中的星形胶质细胞也很令人满意。一般来说，良好的 HE 染色或许比采用操作不好的一些特殊染色法效果更好。

神经系统肿瘤的组织学分类和命名

I. 神经细胞肿瘤
　A. 神经节细胞瘤
II. 神经上皮肿瘤
　A. 室管膜瘤
　B. 脉络丛乳头状瘤
III. 神经胶质肿瘤
　A. 星形细胞瘤
　B. 少突胶质细胞瘤
　C. 胶质母细胞瘤
　D. 成胶质细胞瘤
　E. 髓母细胞瘤
　F. 未分类的神经胶质瘤
IV. 外周神经和神经鞘肿瘤

　A. 神经鞘瘤（施万细胞瘤）
　B. 神经纤维瘤
　C. 神经纤维肉瘤
V. 脑（脊）膜、血管和其他中胚层结构肿瘤
　A. 脑（脊）膜瘤
　B. 血管母细胞瘤
　C. 肉瘤
　D. 网状细胞增生症
VI. 松果体、垂体和颅咽管肿瘤
　A. 松果体瘤
　B. 垂体腺瘤
　C. 颅咽管瘤

肿瘤的描述

I. 神经细胞肿瘤

A. 神经节细胞瘤（gangliocytoma）（图 5-1）
　　这些肿瘤包含或多或少已分化的神经节细胞。在所研究的病例中，肿瘤都位于小脑。曾见于犬，

---

　　*　luxol-fast blue 是用酞花青制成的一种酸性染料，是磺化铜酞花青的胺盐。——译者注

但非常少见。

Ⅱ. 神经上皮肿瘤

A. 室管膜瘤（ependymoma）（图 5-2 至图 5-4）

这些肿瘤的细胞很多，血管也丰富。细胞通常都很一致，胞质少或见不到。核圆形至椭圆形或稍长，富含染色质。胞核可排列成小团状，有点像玫瑰花结，血管壁周围可出现无核区。典型的室管膜细胞和玫瑰花结形成偶尔才可见到。有丝分裂象的数目也有差异。常有不同程度的出血，还可见到黏液和囊性变性及毛细血管增生，但比少突胶质细胞瘤要轻些。

从局部解剖上看，室管膜瘤都同室管膜表面有关，主要在侧脑室，而第三或第四脑室较少。它们是一些较大的、界限不清的浸润性肿瘤，会引起广泛的组织破坏。脑室系统和膜会通过脑脊液途径的转移而受到侵犯。这些肿瘤质软而膨胀，切面呈灰白色到红色。室管膜瘤在马、牛、犬和猫都发现过，但很少见。

B. 脉络丛乳头状瘤（plexus papilloma）（图 5-5）

这些肿瘤具有分支的血管结缔组织基质，表面覆盖立方或柱状上皮细胞，形成比较明显的形状似脉络丛的乳突状结构。这种肿瘤可发生于第三、第四或侧脑室。眼观，形状似界限明确的膨大生长物，具有颗粒状至乳头瘤状的外观，灰白色至红色。偶尔可表现侵袭性、破坏性生长或通过脑脊液途径转移。见于犬，但并不常在短头品种出现；也见于马和牛，是一种较为普通的肿瘤。

Ⅲ. 神经胶质肿瘤

A. 星形细胞瘤（astrocytoma）（图 5-6 至图 5-9）

这些肿瘤是由排列疏松并常有明显分支突起的或大或小的细胞组成的。胞核的大小和形态各异，但染色质通常比正常星形细胞的丰富些。它们似乎与纤维网状组织结构联系密切，可能看到吸盘足。偶尔可见到一种大细胞，其原浆丰富，核大小不一，可以认为是一类肿胀的星形细胞。肿瘤的局部或全部会以纤维型或原浆型细胞为主，或二者混合存在。瘤细胞的排列并不总是很密集，会保存一些只受到瘤细胞浸润的实质部分（如神经元），界限不清楚。细胞具有排列在血管周围和沿线的趋势。薄壁血管和毛细血管会发生许多微小出血，它们有时汇集成较大的出血区。还会出现黏液变性、囊肿形成和一种与少突胶质细胞瘤相似的间叶血管反应。

星形细胞瘤在犬最常发生的部位是梨状区，但也见于大脑半球的突面、丘脑和下丘脑、中脑，但在小脑和脊髓很少见。它们表现为一种实性灰白色肿瘤，与周围的实质或被它浸润的实质界限不清，有时发病部位表现弥漫性肿胀，导致结构模糊。肿瘤并不侵入脑室系统，也不转移。见于牛、犬和猫，是一种较为普通的肿瘤。

B. 少突胶质细胞瘤（oligodendroglioma）（图 5-10、图 5-11）

这些肿瘤是由很密集的细胞构成的。核圆形，富含染色质，有一清亮的核周晕环，形成蜂窝状外观。细胞常排列成行（特别在周围的浸润区）或呈半圆形。有时细胞核呈椭圆形或长条形。肿瘤呈浸润性生长，有时向脑膜局部浸润。仅在罕见情况下经由脑脊液途径播散。血管，特别是毛细血管明显增生，可形成血管祥和肾小球样结构。有许多薄壁的窦隙状血管会发生出血。还可发生广泛的黏液变性和囊肿形成，但坏死很少，偶尔可见钙化。这些肿瘤中有些含有形态不同的小区，有时局部呈星形细胞瘤或室管膜瘤的景象。根据这些肿瘤的最典型区域，可诊断为少突胶质细胞瘤，或按各个部分的不同组织学外观，可定为胶质母细胞瘤或不能分类的神经胶质瘤。

少突胶质细胞瘤几乎总是位于大脑半球，似乎是从白质发生的。它们常能突破脑室或脑膜表面。瘤体通常较大，呈红色、粉红色或灰色，常有广泛的胶样区和出血，质地松软，切面会塌陷，但有些部分则较坚实。它们有时是分散的，与正常组织的界限可能不明显。这种肿瘤在犬较为普通，在其他家畜仅有少数病例报道。

C. 胶质母细胞瘤（glioblastoma）（图 5 - 12 至图 5 - 14）

这些肿瘤在组织学上有差异。有的细胞比较一致。核大小不一，会出现一个或几个核的巨细胞。呈浸润性和破坏性生长。通常血管很多，其中许多管壁异常薄，因而伴有出血。还会有坏死带或不规则的坏死灶，后者常以肿瘤细胞形成的假栅栏为界。毛细血管增生与少突胶质细胞瘤的相似。

胶质母细胞瘤位于大脑半球的凸面、梨状区或丘脑和下丘脑。有时它们与内表面（室管膜）紧密相连。它们通常都比较大，大致有一个范围；同时由于出血、坏死、脂肪变性和间叶反应，所以呈现一种特殊景象。胶质母细胞瘤在牛、犬和猪都是相当常见的。

D. 成胶质细胞瘤（spongioblastoma）（图 5 - 15）

这些肿瘤的组织学定义很不明确*。它们能向原先存在的组织浸润；核较细长，有时往往排列成行；与周围组织没有明显界限；内含有密集的血管网。它们位于室管膜表面附近、脑干中线或小脑，偶尔见于视神经和视束。这些肿瘤在犬的报道非常罕见。关于它们在山羊和犊牛的报道，证据也不充分。

E. 髓母细胞瘤（medulloblastoma）（图 5 - 16、图 5 - 17）

这些肿瘤都很一致，细胞很多；胞核密集，呈卵圆形或胡萝卜形，染色质丰富；胞质很少，色淡；有丝分裂象很多，有形成假玫瑰花结的现象。常有核固缩和核碎裂，且分布广泛。出血、液化和炎症反应缺如或轻微。这些肿瘤几乎都位于小脑而无例外，眼质软、凸出、灰红色并有一定界限；瘤体会压迫或侵入第四脑室，并能向邻近组织和脑膜浸润；能经脑脊液途径转移。它们是犊牛、犬（主要是幼龄犬）、猫和猪的一种比较普通的肿瘤。

F. 未分类的神经胶质瘤（gliomas，unclassified）

在我们收集的肿瘤中，有 15%～20% 的不能按照前述采用的系统进行分类，这类肿瘤在农畜肿瘤中所占百分比更高。这些肿瘤多数可表现不同类型的分化，并表明它同脑室系统临近组织存在局部解剖学上的关系。就其已确立的（特别是采用网硬蛋白染色）神经外胚层性质而论，可暂时定为"未分化的神经胶质瘤或胶质母细胞瘤"。可是这些肿瘤同常见于人的多形胶质母细胞瘤还是有显著差异的。

Ⅳ. 外周神经和神经鞘肿瘤

A. 神经鞘瘤（施万细胞瘤）（neurinoma，schwannoma）（图 5 - 18）

这些肿瘤是由密集的细胞带组成的，胞核呈椭圆形或长条状，染色质含量中等或很多。细胞形成交织的网，有时具有棕榈叶或鲱鱼群那样的景象。与家畜其他外周神经肿瘤（见神经纤维瘤）不同，这些肿瘤几乎没有胶原蛋白或网硬蛋白形成。眼观，神经鞘瘤呈卵圆形或分叶的、灰白色、较实性的团块。它们通常与脑神经的颅内部分紧密联系在一起，并且经常还压迫邻近的脑干。神经鞘瘤很少，但曾在牛和犬见到过。

B. 神经纤维瘤（neurofibroma）（图 5 - 19、图 5 - 20）

这些肿瘤富含结缔组织成分，似乎起源于神经内的和神经周围的结缔组织细胞。有些区域主要呈神经鞘瘤样或纤维瘤样外观。神经鞘瘤样区域由神经鞘瘤一类的细胞组成，以重复出现的条带、鲱鱼骨、栅栏和螺纹等形状的结构存在（Antoni A 型）。细胞细长或呈梭形，胞核椭圆形或细长，分布均匀，染色质颗粒精细，有 1～2 个核仁。退行性变化较少见。有时可见网状结构（Antoni B 型）。纤维瘤样区呈现密集交织的胶原纤维网，有细长、梭形的细胞，其胞核和成纤维细胞或纤维细胞的相似。细胞除了以神经纤维或纤维束为中心同心排列外，别无其他明显排列模式。在牛神经纤维瘤病中，会有大量的胶样物，出现于增生的神经内膜和神经束膜的纤维层和仍然存在的神经纤维之间

---

* 成胶质细胞是一种胚上皮细胞，能分化为神经胶质细胞或室管膜细胞。在人类肿瘤国际组织学分类中，此瘤称为胶质母细胞瘤，在 WHO 家畜肿瘤国际组织学分类（第二辑）中仍称为成胶质细胞瘤。——译者注

（图 5-20）。神经纤维瘤并不转移。凡是去分化程度高的和组织学上恶性程度大的，都列入神经纤维肉瘤。

神经纤维瘤发生在脑神经（三叉神经或听神经）和脊神经的根部，脊髓根[*]和脊神经节，外周神经和交感神经，呈外有包囊的致密灰白色结节状生长物。如位于颅内或椎骨内，最终会压迫脑髓或脊髓。位于外周神经的非常少见，难以和单纯纤维瘤区别。必须确定它同神经有无形态学上的联系。神经纤维瘤是家畜外周神经肿瘤中常见的一种类型（与神经鞘瘤比较），相当普通，主要见于牛和犬。

C. 神经纤维肉瘤（neurofibrosarcoma）（图 5-21）

它和纤维肉瘤的区别就在于它是由神经延续下来的。在组织学上，神经纤维肉瘤与神经纤维瘤具有相同的特征，但细胞要多些，多形性和间变程度要高些，有丝分裂指数要大些，细胞排列不大规则。主要见于犬，其他家畜（马和猫）很少见。

Ⅴ. 脑（脊）膜、血管和其他中胚层结构肿瘤

A. 脑（脊）膜瘤（meningioma）（图 5-22 至图 5-24）

其细胞组成常不一致，是一种以内皮细胞瘤样区为主或以纤维瘤样区为主的混合物，单纯的血管母细胞型尚未见于家畜。内皮细胞瘤型表现为膜上皮细胞构成的巢、螺纹和条带。胞质丰富，胞核细长、椭圆或弯曲，染色质排列在周边。典型的螺纹（洋葱切面样）是由数量不等的细胞构成的，少则几个，多则几百个。细胞体通常界限不清，如合胞体网。在螺纹中心，细胞可能会崩解。此处及纤维较多的部分会发生钙化。还可见到结缔组织的玻璃样变和脂肪、脂色素或胆固醇的沉着，有时还伴发反应性炎症浸润。螺纹中心通常没有血管。成纤维细胞区域是由细长的纤维形成细胞的条纹和网络组成的。可见退行性变化、出血、海绵状血管形成和浸润性生长。有时（但不经常）还出现有丝分裂象。

脑（脊）膜瘤见于旁矢状面区、大脑半球凸面上、小脑幕区、脊髓以及第三脑室的脉络组织（猫）。在犬和其他动物中曾见过单个的肿瘤；在猫，间或还有牛，则见到多发性肿瘤。肿瘤生长在硬脑膜之下，常向脑髓扩展，导致其发生受压性萎缩，偶尔还会向里面浸润。被覆结构的萎缩极为少见。瘤体通常较实，有时甚至坚硬，为一叶或多叶的团块，灰白色、黄色或红色；表面通常光滑，常有包膜，有时则较粗糙。切面通常灰白色，似纤维，有时有较软的红色、棕色或灰色出血与坏死区。可能散在胆固醇结晶或黄色脂肪变性灶和脂色素沉着（猫）。肿瘤都黏附在软膜或硬膜的内表面。脑（脊）膜瘤在马、牛、绵羊、犬和猫都很普通。

B. 血管母细胞瘤（angioblastoma）（图 5-25、图 5-26）

这些肿瘤都是由梭形细胞交织的条索构成的网，细胞成熟程度不一，而且向内皮细胞转变，它们围绕着那些充满血液的腔隙。有些细胞会形成毛细血管环。血管母细胞瘤是一些大小不等的出血性肿瘤。据报道，它们位于大脑半球、脉络丛和延髓或脊髓。马、猪和犬只有个别的病例报道。

C. 肉瘤（sarcoma）（图 5-27 至图 5-29）

细胞都很密集，其形状大小不一，有圆形、椭圆形、多边形或梭形。它们与密集的网硬蛋白网有密切的局部解剖学关系。在有些病例，可见到不同程度的多形性，并有多核细胞和巨细胞。通常有许多有丝分裂象。肿瘤有浸润的倾向，也会发生出血，但无坏死和黏液变性。

肉瘤可根据眼观部位和范围进行分类，包括脑（脊）膜肉瘤（局限的），脑（脊）膜肉瘤病（弥漫的）或脑与脊髓肉瘤。它们通常质硬，灰色或白色。常有广泛出血。这些肿瘤相当普通，在马、

---

[*] 脊髓在它接近第一或第二腰椎时便开始缩小，形成所谓脊髓圆锥（conus medullaris），并很快就变成较细的所谓尾丝（filum terminale）。从第一腰椎起到荐部止，所有神经的根还没穿过硬膜离开最近的椎间孔前，就必须延伸，在脊髓圆锥和尾丝的外周，组成像马尾巴那样的一束神经纤维。故这一束状结构称为马尾（cauda equina）。文内所说的那些"脊髓根"即指马尾。在人，马尾也是神经纤维瘤的好发部位之一。——译者注

牛、犬和猫都有报道。

　　D. 网状细胞增生症（reticulosis）（图 5 - 30 至图 5 - 34）

　　对这一类肿瘤还有争议，涉及范围很广泛，从肉芽肿形式到肉瘤形式。其特征主要是血管周围细胞增生，这种增生可能限于血管周隙，也可能超出这个范围。这些区域可融合成或大或小的肿瘤样团块，包在里面的实质小岛常会发生坏死。在细胞增生的同时，还有网硬蛋白网形成（小胶质细胞瘤病除外）。可分为以下三种类型：①肉芽肿型：浸润细胞主要是炎症灶中可见到的细胞（淋巴细胞和大单核细胞、浆细胞、多形核白细胞，尤其嗜酸性粒细胞、网状组织细胞、成纤维细胞，有时还有多核巨细胞）。②肿瘤型：以网状-组织细胞和淋巴样细胞为主，较成熟的细胞少见，还有许多有丝分裂象。③小胶质细胞瘤病：其细胞排列较密集，核染色质丰富，有时多形性很明显，但主要呈细长、弯曲或变形的细胞，胞质不明显或看不见。可弥漫性或沿肿瘤内血管向软膜下皮质浸润。白质也可能弥漫性受侵，但血管周围无瘤细胞分布。肉芽肿型和肿瘤型之间并没有明显的区别；许多病例都可见到这两种类型的特征性表现。

　　在网状细胞增生症，脑干和大脑白质常受到累及。整个中枢神经系统往往会有许多病灶分布，或主要病变集中于脑室周围。在许多病例，眼观无明显可见的病变。部分脑组织变大，结构模糊，这可能是唯一可见的反常现象（就像有些星形细胞瘤那样）。大脑白质会表现不规则的黄色、红色和灰色斑点，呈白色或灰色肿瘤团块的则是例外。在我们的病例中，犬占 75%，马、牛或猫占 25%。

Ⅵ. 松果体、垂体和颅咽管肿瘤

　　A. 松果体瘤（pinealoma）（图 5 - 35）

　　有两种形状的细胞，一种是形状一致的细胞；另一种是形状不一致的细胞。在前者，胞核密集，圆形或椭圆形，染色质颗粒细小，有 1～2 个或更多较明显的核仁，有时胞核排列成行。在后者，胞核较大，并散在"淋巴样"细胞。还有一种非典型的形态，里面为多形性细胞和上皮性（室管膜的?）导管结构。松果体瘤大小不一，位于松果体中，松果体也可能被取代。有时肿瘤会扩大到中脑及丘脑的背面和下方。马、牛和犬都有过报道，但非常罕见。

　　B. 垂体腺瘤（pituitary adenoma）（图 5 - 36 至图 5 - 38）

　　这些肿瘤的细胞属上皮型，圆形或多边形，大小不等。细胞排列成组、行和管状结构，面向血管。大多数病例的细胞都是嫌色性的，嗜色性（嗜酸性、嗜碱性）腺瘤通常很少。细胞呈多形性的很少，但在组织上都有恶性肿瘤特征（所谓胎儿型）。垂体发生的腺瘤通常在犬较大，可压迫并侵入第三脑室和下丘脑区。它们呈灰白色，内有出血和坏死区。该肿瘤相当普通，在马、牛、绵羊、犬和猫都有过报道。

　　C. 颅咽管瘤（craniopharyngioma）

　　在犬见到的病例或许不到 6 个。肿瘤位于垂体和漏斗区，能不同程度地压迫或替代垂体和邻近的脑组织。尽管各个肿瘤在组织学上不尽相同，但可参照人颅咽管瘤的特征（上皮细胞的条带为囊腔的衬里；上皮中和基质中有囊肿形成）做出诊断。

参考文献（原文）

Kernohan，J. W. et al. A simplified classification of the gliomas. Proceedings of the Staff Meetings of the Mayo Clinic，24 （3）：71-75（1949）.

（贺文琦译，高丰、陈怀涛校）

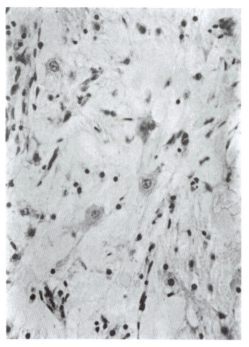

图 5-1 神经节细胞瘤，小脑，神经节样细胞
同胶质成分和血管散在分布（犬）

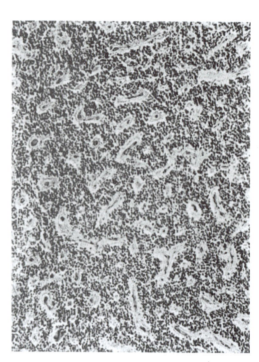

图 5-2 室管膜瘤，在血管周围细胞核密集成
条带状，沿着血管则为无核区（犬）

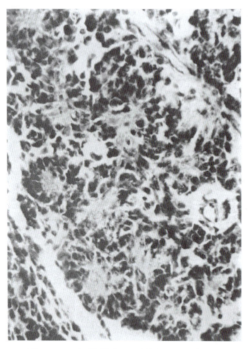

图 5-3 室管膜瘤，肿瘤细胞的排列比
图 5-2 的更不规则（犬）

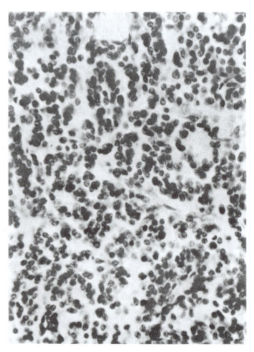

图 5-4 室管膜瘤（牛）

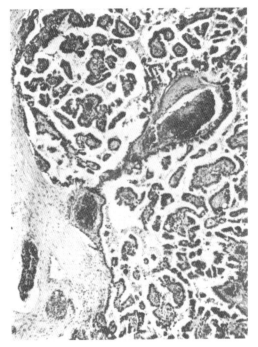

图 5-5　脉络丛乳头状瘤，脑室壁底部（梗犬）

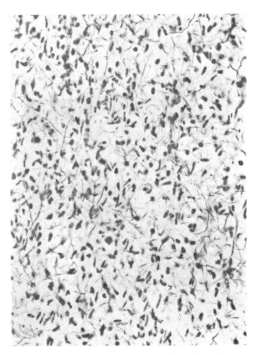

图 5-6　星形细胞瘤，银染色（拳狮犬）

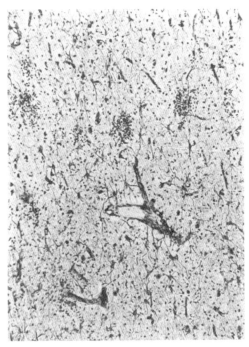

图 5-7　星形细胞瘤，实质有纤维型肿瘤细胞
入侵和小出血，银染色（斗牛犬）

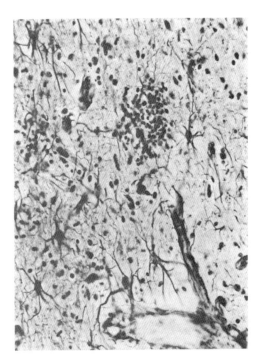

图 5-8　星形细胞瘤，图 5-7 的
高倍放大（斗牛犬）

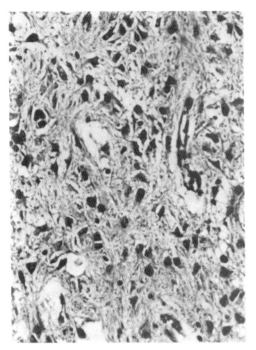

图 5-9   星形细胞瘤，小脑，非常多形
的原浆型大细胞（指示犬）

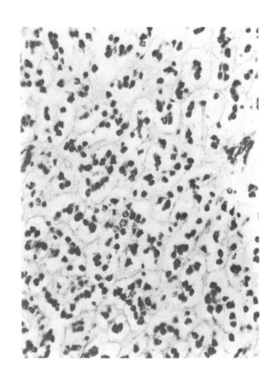

图 5-10   少突胶质细胞瘤（拳狮犬）

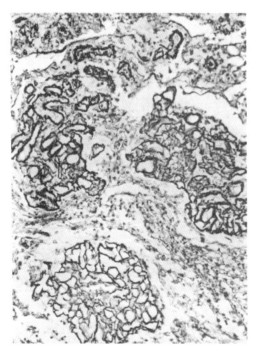

图 5-11   少突胶质细胞瘤，呈肾小球样
结构，银染色（拳狮犬）

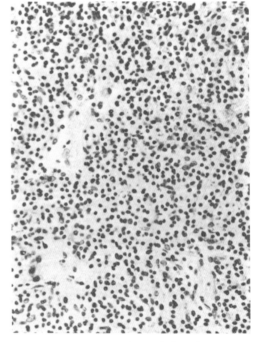

图 5-12   胶质母细胞瘤（猪）

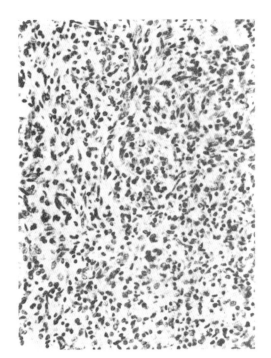

图 5-13　胶质母细胞瘤，与图 5-12
是同一病例（猪）

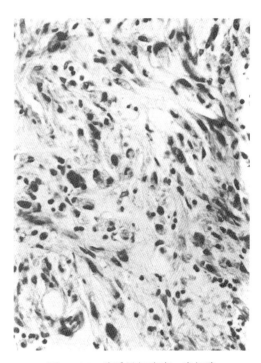

图 5-14　胶质母细胞瘤，瘤细胞
非常多形（博美犬）

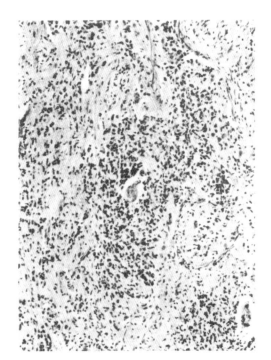

图 5-15　成胶质细胞瘤（拳狮犬）

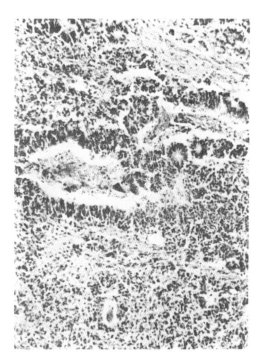

图 5-16　髓母细胞瘤，有数个玫瑰花结样结构，
luxol-fast blue-cresyl violet 染色（猫）

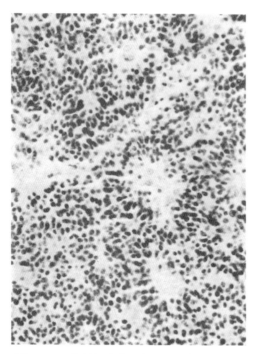

图 5-17　髓母细胞瘤，小脑，肿瘤细胞位于
血管周围或沿线（犊牛）

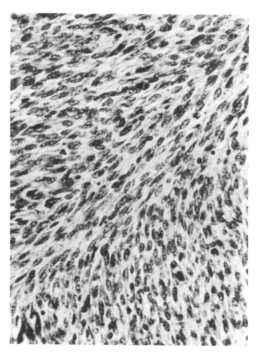

图 5-18　神经鞘瘤（施万细胞瘤）（犬）

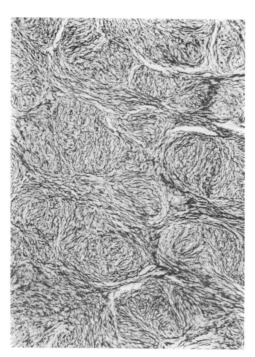

图 5-19　神经纤维瘤，富含结缔组织的神
经束，网状纤维染色（公牛）

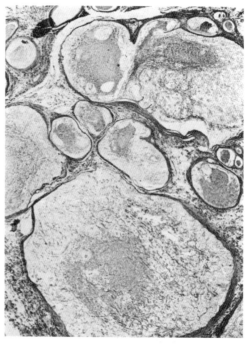

图 5-20　神经纤维瘤病，臂神经丛，纤
维排列松散或致密，哥德纳三
色染色（奶牛）

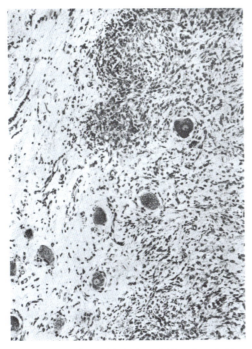

图5-21 神经纤维肉瘤，脊神经节组织被
肿瘤细胞浸润（拉布拉多犬）

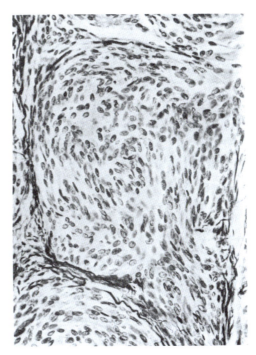

图5-22 脑（脊）膜瘤，内皮细胞瘤的细胞被
结缔组织隔开，银染色（猫）

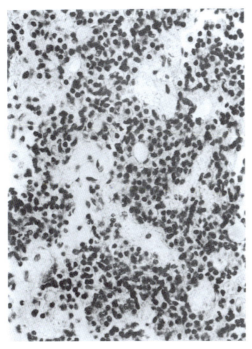

图5-23 脑（脊）膜瘤，被血管分隔的
瘤细胞区（达克斯猎犬）

图5-24 脑（脊）膜瘤，混有胆固醇结晶
裂隙的成纤维细胞区（猫）

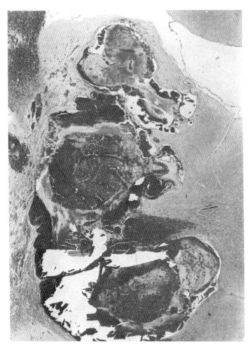

图 5 - 25 血管母细胞瘤（猫）

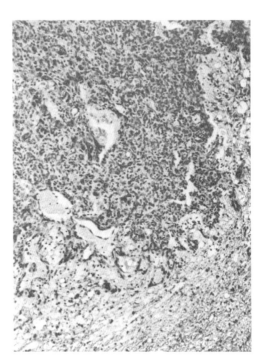

图 5 - 26 血管母细胞瘤（血管内皮细胞瘤），
肿瘤的边缘（猪）

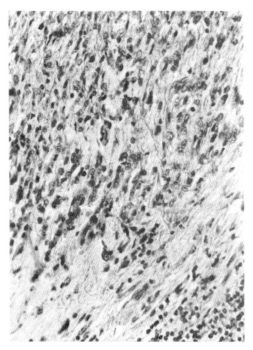

图 5 - 27 脑肉瘤（犬）

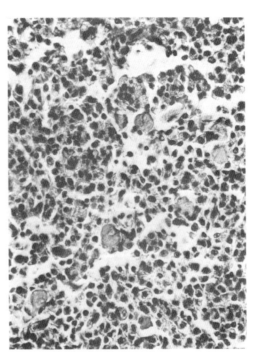

图 5 - 28 脑肉瘤，细胞具多形性和
多核细胞（梗犬）

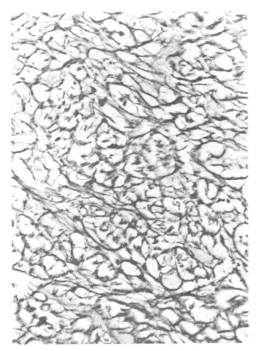

图 5 - 29　脑肉瘤，瘤细胞位于网状纤维网中，网状纤维染色（犬）

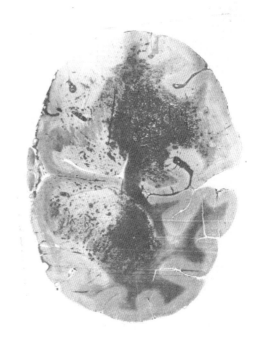

图 5 - 30　网状细胞增生症，实质、柔膜及血管周围的肿瘤，luxol-fast blue-cresyl violet 染色（艾尔谷犬）

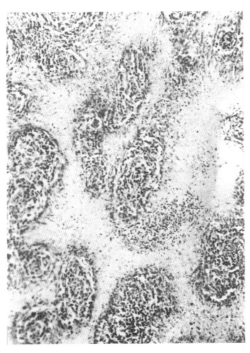

图 5 - 31　网状细胞增生症，血管周围的组织细胞型细胞，伴有"炎性"细胞和实质坏死（艾尔谷犬）

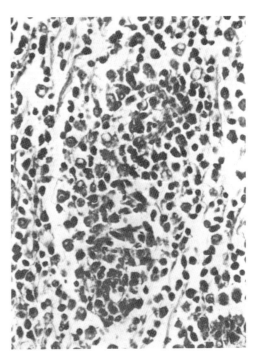

图 5 - 32　网状细胞增生症，扩大的外膜间隙中可见组织细胞和淋巴样细胞（拉布拉多犬）

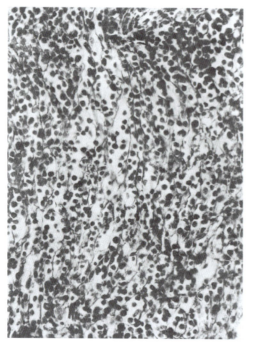

图 5-33 网状细胞增生症，网状纤维沿线
有组织细胞和淋巴样细胞（牛）

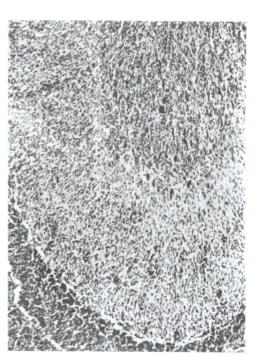

图 5-34 网状细胞增生症（小胶质细胞瘤病），
小脑和柔膜（右）被肿瘤弥漫性入侵
（斗牛獒犬）

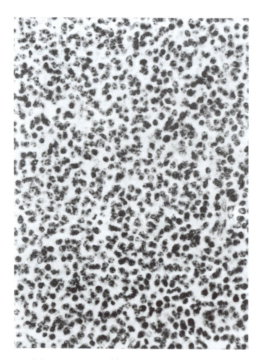

图 5-35 松果体瘤，同形细胞的（牛）

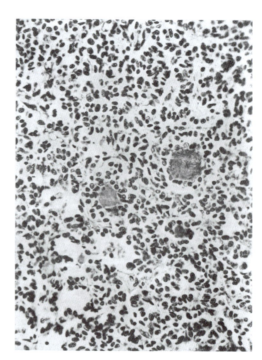

图 5-36 垂体腺瘤，嫌色细胞型（达克斯猎犬）

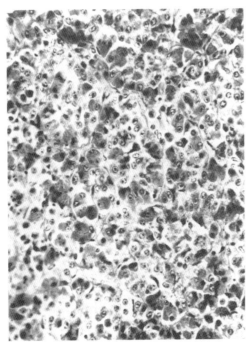

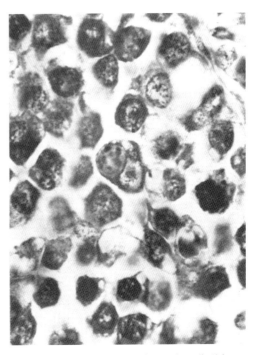

图 5-37　垂体腺瘤，嗜酸性细胞型（奶牛）　　　图 5-38　垂体腺瘤，胎型，有丝分裂象
　　　　　　　　　　　　　　　　　　　　　　　　　　　（柯利牧羊犬）

第六章　睾丸肿瘤

Svend W. Nielsen 和 Donald H. Lein

> 睾丸肿瘤在犬比较普通，而在其他家畜则不常见。间质细胞瘤*、支持细胞瘤**和精原细胞瘤的发生率基本相同，并且往往见于同一睾丸。罹患支持细胞瘤的犬会表现雌性特征，能引起其他公犬的性欲。犬的睾丸肿瘤不常转移。本章对三个主要类别中的各个组织学类型分别做了描述。

本分类主要是依据犬的睾丸肿瘤做出的，它占所有家畜睾丸肿瘤的 90% 以上。其他家畜只有两种睾丸肿瘤发生较多，即公马的畸胎瘤和公牛的间质细胞增生。

本研究的依据是在犬的手术和尸体剖检时所见到的 344 例睾丸肿瘤。其中 109 例为间质细胞瘤，110 例为支持细胞瘤，125 例为精原细胞瘤。多发性和双侧性肿瘤在老年犬的睾丸中都比较常见。在 46 个睾丸中同时存在上述 2~3 种肿瘤，其中 39 个精原细胞瘤病例中，有的还有一个间质细胞瘤或一个支持细胞瘤，4 例兼有间质细胞瘤和支持细胞瘤，还有 3 例则 3 种肿瘤同时都有。

罹患间质细胞瘤、精原细胞瘤和支持细胞瘤的犬，其平均年龄分别为 11.2 岁、10.0 岁和 9.7 岁。除 65 个肿瘤（41 个支持细胞瘤，24 个精原细胞瘤）位于腹部和腹股沟外，其他所有的肿瘤均位于阴囊中的睾丸。隐睾中未见到过间质细胞瘤。

有 11 只罹患支持细胞瘤的犬出现了雌性化的表现：同性性欲、性欲消失、乳头增大、阴茎萎缩、包皮松弛、对称性脱毛、表皮萎缩和前列腺鳞状上皮化生。11 只罹患间质细胞瘤的犬出现了皮肤病（棘皮症、皮脂溢和脱毛症）。生长迅速的大而恶性的精原细胞瘤和支持细胞瘤，常伴有跛行、疼痛和舔阴囊的症状。

这三种常见的睾丸肿瘤虽然都呈球形，直径可达 15cm，但眼观表现差异很大，需要分别讨论。间质细胞瘤隆起、柔软，切面凸出，呈鲜橙黄色或褐色，常有内含清亮或带血的囊肿。支持细胞瘤常质硬，分叶，表面呈白色或灰色，含有金黄色斑点，并有油腻感。精原细胞瘤均质、柔软、隆突，有些分叶，呈土黄色，切面似奶酪。

犬的睾丸肿瘤虽然多见，但很少转移。在我们的研究中，转移的只有 3 例支持细胞瘤和 7 例精原细胞瘤。研究过的 5 例精原细胞瘤都有向局部淋巴管浸润和精索静脉丛曲张现象。对腹股沟深淋巴结和靠近手术部位的精索横切面，只要有可能，就都应进行组织学检查，以确定有无肿瘤栓塞，这对做出睾丸肿瘤的预后都是有帮助的。

---

* 间质细胞瘤，即 Leydig 细胞瘤；** 支持细胞瘤，即 Sertoli 细胞瘤。——译者注

睾丸肿瘤的组织学分类和命名

Ⅰ. 生殖细胞瘤
A. 精原细胞瘤
　1. 伴有或不伴有侵犯的管内型
　2. 弥漫型
B. 胚胎性癌
C. 畸胎瘤

Ⅱ. 性索-基质（生殖腺-基质）肿瘤
A. 赛尔托利（支持）细胞瘤
　1. 伴有或不伴有侵犯的管内型
　2. 弥漫型

B. 莱迪（间质）细胞瘤
　1. 实性弥漫型
　2. 囊性-血管性（血管瘤样）
　3. 假腺瘤样
C. 支持细胞和间质细胞分化过程中的中间型
　细胞所构成的肿瘤

Ⅲ. 多发性原发性肿瘤
Ⅳ. 间皮瘤
Ⅴ. 基质和血管肿瘤
Ⅵ. 未分类肿瘤

肿瘤的描述

Ⅰ. 生殖细胞瘤

A. 精原细胞瘤（seminoma）

1. 伴有或不伴有侵犯的管内型（intratubular，with or without invasion）（图 6-1、图 6-2）

这是最早阶段的精原细胞瘤，表现为单个的微小肿瘤或一团肿瘤性细精管结构，这可能是管内入侵的结果或是多中心性来源。小管充满大而均一的多边形微嗜碱性肿瘤细胞，类似于精原细胞，这些细胞位于完整的小管基底膜内。它们常被好像萎缩的细精管包围着。瘤细胞都有呈空泡状的大核和明显的核仁。经常有一片片肿瘤细胞穿过细精管的基底膜而进入周围的睾丸组织中。

2. 弥漫型（diffuse type）（图 6-3、图 6-4）

这是最普通的一种精原细胞瘤，里面都是一些大小均一的瘤细胞实性片，弥漫性浸润着细精管、间质细胞和睾丸网。瘤细胞排列紧密，轮廓清晰，体大而圆，或呈多边形，胞核呈空泡状，有一两个明显的核仁；偶尔可见具有一个大核或几个核的巨细胞，由于存在散在着的空泡化的组织细胞，给人以所谓"满天星"的景象。往往有正常的和奇形怪状的有丝分裂象。基质很少，但有时则相当明显，以致在血管和基质之间的肿瘤团块出现假小叶现象。常可见成熟淋巴细胞的局灶性积聚和/或血管周围的积聚。肿瘤还有入侵精索淋巴管和小静脉的趋势。精原细胞瘤的以下特征对其鉴别诊断都很重要：①精原细胞瘤的细胞是二种原发性睾丸肿瘤中最大的一种；②在精原细胞瘤的瘤细胞密集区，到处可见散在的空泡状的组织细胞；③常可见到血管周围的或局灶的淋巴细胞镶边现象。

B. 胚胎性癌（embryonal carcinoma）

这是一种分化不良的上皮细胞肿瘤，起源于未分化的细胞。它可形成一种具有实性或乳头状腺癌特征的组织学模式。

C. 畸胎瘤（teratoma）

这些肿瘤最常见于隐睾，特别是种马。其组织学模式随其所属的胚层组织和肿瘤变化的程度而差异很大。其中常见的组成物有上皮瘤、囊肿、软骨瘤和肌肉瘤。它们以不同的组合出现，或与正常组织的碎块（最常见的为毛、骨或牙齿）共同存在。

Ⅱ. 性索-基质（生殖腺-基质）肿瘤

A. 赛尔托利（支持）细胞瘤 [sertoli (sustentacular) cell tumour]

1. 伴有或不伴有侵犯的管内型（intratubular，with or without invasion）（图 6-5、图 6-6）

在支持细胞瘤中，近一半出现在由于隐睾或年老引起细精管发生萎缩的睾丸里。经常有介乎于支持细胞增生和肿瘤之间的过渡形态。肿瘤里可见精致的空泡细胞，通常瘦而长，界限模糊不清；缺乏明显的细胞边界，常给人一种感觉，好像核在纤维条带状的胞质合胞体中。细胞常排列成栅栏状，垂直于细精管的基底膜。核卵圆，空泡状，着色浅，核仁小，有丝分裂象极为罕见。胞质中有许多充满脂质的空泡，形成泡沫状外观，也会有金褐色的微细颗粒。除了分化最差的支持细胞瘤外，在大多数支持细胞瘤里，管状的形态还都保留。细精管的基底膜，不是表现为薄到刚能看到的中隔，便是厚到像在其他硬化性肿瘤中的纤维索。肿瘤细胞可穿透基底膜，最终侵犯周围的睾丸组织。

2. 弥漫型（diffuse type）（图 6-7）

由大片均一的淡染细胞组成，分裂象少见，但不能辨认出细精管的结构。那些瘤细胞团块偶尔会被血管丰富的基质或纤维隔开。经常会有囊性出血区。

B. 莱迪（间质）细胞瘤 [leydig (interstitial) cell tumour]

1. 实性弥漫型（solid diffuse type）（图 6-8、图 6-9）

间质细胞的结节性增生常见于老年家畜，特别是犬和牛，它们会在不知不觉中发展为肿瘤。把间质细胞的增生和它的良性肿瘤分开是不恰当的，所以我们在此分类中对凡是肉眼可以见到的球形小结节，就都视为肿瘤。

实性间质细胞瘤是由弥漫的大小均一的细胞片组成的，细胞呈多边形，轮廓清晰，染色较深；基质稀少，在丰富的血管周围有精致的纤维组织条索。通常情况下，细长的瘤细胞在血管周围常排列成放射的栅栏样，由于瘤细胞的核对着血管，形成玫瑰花结的外观。胞质内会含有大小不一的透明空泡及金褐色脂色素颗粒。胞核小而圆，着色深，内有细小的染色质颗粒，并有一个核仁。一般见不到核分裂象。

2. 囊性-血管性（血管瘤样） [cystic-vascular (angiomatoid)]（图 6-10）

由交织着的肿瘤细胞条索围绕着大小极不相同的腔隙，这些腔隙不是空的便是充满粉红色蛋白性液体和数量不等的红细胞。瘤细胞索宽约两个或两个以上细胞，索间为一薄层血管基质。整个肿瘤里都有许多大血管，而小动脉常被玫瑰花结样的肿瘤细胞所包围。

3. 假腺瘤样（pseudoadenomatous）（图 6-11）

它代表前二者的中间型，其瘤细胞团块被毛细血管和血管基质分隔着。这种假小叶是由 10~30 个细胞为一组构成的，并被基质形成的间隔分开，由于小腔或透亮间隙常出现在远离血管基质的细胞群中心，所以就加强了假小叶的印象。

C. 支持细胞和间质细胞分化过程中的中间型细胞所构成的肿瘤（tumours with intermediate sertoli cell and leydig cell differentiation）

这一类肿瘤很少，但很有意义，占优势的肿瘤细胞及其与血管、基质的关系，既没有间质细胞也没有支持细胞的明显特征，因此可能表明，这两种生殖腺基质肿瘤具有共同的细胞来源。

Ⅲ. 多发性原发性肿瘤

所有三种上皮肿瘤（精原细胞瘤、支持细胞瘤和间质细胞瘤）可在一个睾丸同时发生。它们既可各自成为单独的肿瘤，也可由三种细胞以不同的数量混合在一起，构成复合肿瘤（combined tumours），最常见的是精原细胞瘤与间质细胞瘤或支持细胞瘤的复合。如果这些肿瘤各自形成小结节，通常都能保持其组织学特征。但是在我们的材料中，有少数融合肿瘤（collision tumours），它们同时含有肿瘤性精原细胞和支持细胞，并且肿瘤的大部分是由中等大小的细胞实性片和细精管团块构成的，这些细胞在形态上介乎于精原细胞瘤的细胞和支持细胞之间。如果提供的研究切片有限，即使切片很多，也不能揭示其中有些肿瘤分化的类型。凡是处于精原细胞瘤和支持细胞中间型分化的融合肿瘤，无法根据目前的胚胎学知识解释其组织发生。这些肿瘤可反映出可能生殖细胞和支持细胞是来源于同一种原始上皮细胞的两种细胞，或者更有可能是这两类肿瘤在同一环境中快速生长时，其形态表现会日益变得相似（图 6 - 12）。

Ⅳ. 间皮瘤

这是一种乳头状肿瘤，可能起源于睾丸白膜的间皮细胞，由一排或两排平行的细胞构成。其胞核呈卵圆形，深染，胞质边缘不清。在睾丸表面也可有一丛丛玫瑰花结样的肿瘤细胞。这种肿瘤在家畜中极为少见，但常见于实验大鼠和小鼠。它在组织上不同于人睾丸的血管瘤样肿瘤，并且它位于睾丸表面，缺乏纤维基质。

Ⅴ. 基质和血管肿瘤

睾丸的结缔组织肿瘤非常少见，其形态表现与身体其他部位的相同。

Ⅵ. 未分类肿瘤

（涂健译，祁克宗、陈怀涛校）

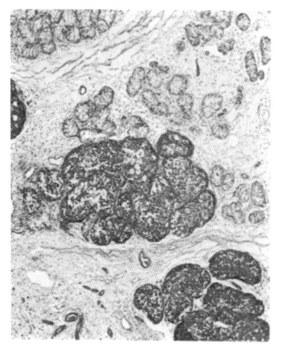

图 6-1　管内型精原细胞瘤，细精管萎缩（犬）

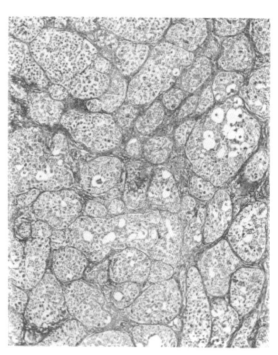

图 6-2　不伴有侵犯的管内型精原细胞瘤（犬）

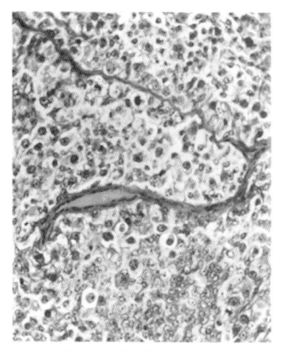

图 6-3　弥漫型精原细胞瘤（犬）

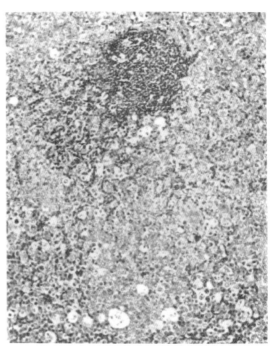

图 6-4　弥漫型精原细胞瘤，淋巴细胞和
透明的巨噬细胞（犬）

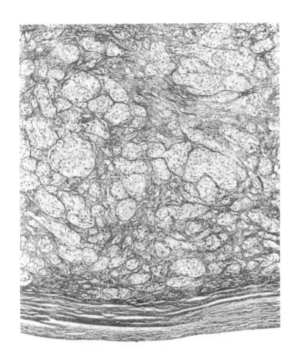

图 6-5　管内型支持细胞瘤（犬）

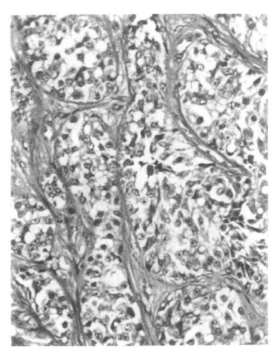

图 6-6　管内型支持细胞瘤（犬）

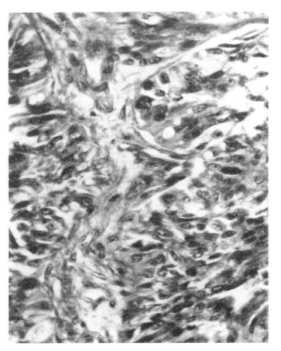

图 6-7　弥漫型支持细胞瘤（犬）

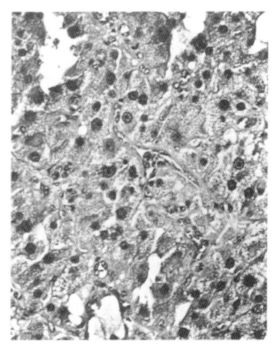

图 6-8　弥漫型间质细胞瘤（犬）

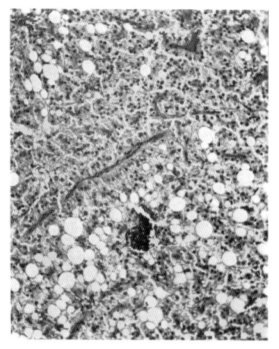

图 6-9   弥漫型间质细胞瘤，富含脂质的细胞（犬）

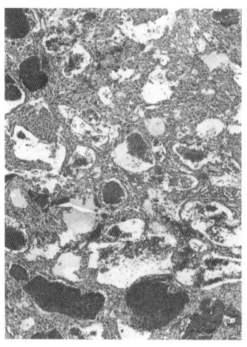

图 6-10   囊性-血管性间质细胞瘤（犬）

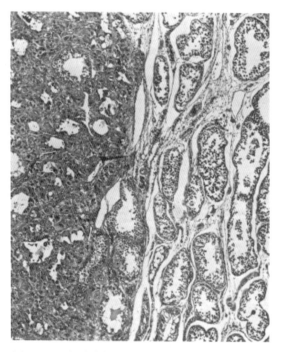

图 6-11   假腺瘤样间质细胞瘤，细精管萎缩（犬）

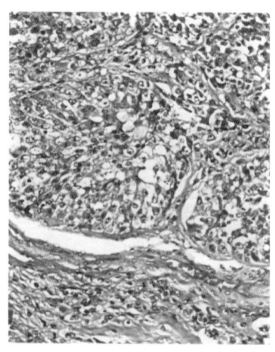

图 6-12   中间型精原细胞瘤-支持细胞瘤（犬）

第七章　皮肤肿瘤

E. Weiss 和 K. Frese

皮肤发生的肿瘤比身体任何其他部位的都多。本章描述的上皮肿瘤有：基底细胞瘤、鳞状细胞癌、乳头状瘤、皮脂腺肿瘤、肝样腺肿瘤、汗腺肿瘤、顶泌汗腺混合瘤、顶泌汗腺癌、毛囊肿瘤和皮内角化上皮瘤。黑色素生成系统肿瘤分为良性黑色素瘤和恶性黑色素瘤，后者又分为以下几种类型：上皮样细胞型、梭形细胞型、上皮样细胞和梭形细胞型、树突状和螺纹型。

家畜皮肤肿瘤的分类，不仅具有科学价值，而且具有实用意义。皮肤肿瘤比其他肿瘤发生得多些，用手术摘除的也多些。只是根据组织学形态进行分类会带来许多问题：第一个困难是皮肤由多种结构组成，例如表皮、毛囊、不同类型的皮脂腺和汗腺，以及真皮和皮下的软组织成分，这些都可能成为肿瘤生长的来源，即使不是这样，也可受到累及。第二个困难是兽医学不是面向一种家畜，而要面向数种家畜。在皮肤形成和功能方面都有动物种类上的差异，这些都很重要，可是对它们还不完全了解，特别是在超微结构和生理学方面。

尽管有这些困难，作者相信，根据在 9 000 多个皮肤肿瘤（大部分是犬的）的研究经验，还是可以提出一个可行的并与人的相似的分类。作者充分认识到这样一个分类并不能满足各方面的要求，也不会是最后一次。它只反映当前的认知水平，同时一定会促进那些采用不同的命名、同义词和分类的病理学家之间，有一个较好的了解。

这个分类并不是想取代普通或特殊肿瘤病理学教科书，或对某些肿瘤做出了详细描述的专著。分类会有助于那些在诊断或研究工作中缺乏经验的人们开展他们的工作。对于有经验的，特别是从事教学的病理学家来说，分类也可为他们诊断工作和培训计划提供一个框架。

除了真正的肿瘤外，这一分类所包括的还有肿瘤样病变，因为后者在鉴别诊断时也很重要。此外，还尽可能地介绍了皮肤肿瘤的生物学习性。可是，这方面的知识还不完全，因为对许多肿瘤，特别是黑色素瘤，还没有进行足够的追踪研究，而且仅凭组织学图像往往不足以对肿瘤的习性做出准确的预测。例如，犬的基底细胞瘤在组织学上看起来常是恶性的，实际上却几乎都是良性的。

由于篇幅有限，分类里所列肿瘤不能都用图片帮助说明。同时也只能对比较常见的肿瘤，以及在比较病理学上和科学上具有价值的罕见肿瘤提供主要的资料。为了同人的皮肤肿瘤进行比较，特别注意到它们之间的相同或相异之点。

兽医肿瘤学通常缺乏足够的临床资料，所以这里也只是对某一肿瘤的分类有必要时，才对这种资料加以引用。

诊断程序

为了诊断，提供的材料越多越好，最好是完整的肿瘤。眼观病变的详细描述对组织病理学家的帮助很大。用穿刺针取材活检不太适用，容易导致误诊。只有在结构比较一致的肿瘤，如肥大细胞瘤或组织细胞瘤，可考虑小切口取材活检，但通常并不主张。

组织在摘取后应立即进行适当固定。常用的福尔马林固定可带来良好效果，既经济又方便。用HE染色的薄石蜡切片，对大多数病例就可用于诊断。尽管冰冻切片可用于某些组织化学方法和快速诊断，但其结果并不令人满意。鉴别某些肿瘤，还需要用一些特殊染色，如胶原纤维染色（van Gieson）、网状纤维染色（Gomori）以及过碘酸-雪夫染色（periodic acid-Schiff）；异染性染剂，如甲苯胺蓝可识别肥大细胞瘤；麦生-丰太那（Masson-Fontana）染色有助于诊断无色素或色素少的黑色素瘤。色素多的黑色素瘤切片可在染色前先行脱色。

皮肤肿瘤的组织学分类和命名

Ⅰ. 上皮肿瘤和瘤样病变
  A. 基底细胞瘤
  B. 鳞状细胞癌
  C. 乳头状瘤
    1. 鳞状细胞乳头状瘤
    2. 纤维乳头状瘤
  D. 皮脂腺肿瘤
    1. 皮脂腺腺瘤
    2. 皮脂腺癌
    3. 瘤样增生
  E. 肝样（肛周）腺肿瘤
    1. 肝样腺腺瘤
    2. 肝样腺癌
    3. 瘤样增生
  F. 汗腺肿瘤
    1. 乳头状汗腺腺瘤
    2. 顶泌汗腺（大汗腺）囊腺瘤
    3. 汗腺腺瘤
    4. 顶泌汗腺混合瘤
    5. 顶泌汗腺癌
      （a）乳头状癌
      （b）管状癌
      （c）实性癌
      （d）印戒细胞癌

  G. 毛囊肿瘤
    1. 毛上皮瘤
    2. 坏死和钙化上皮瘤
  H. 皮内角化上皮瘤
  I. 囊肿
    1. 表皮囊肿
    2. 皮样囊肿
    3. 毛囊囊肿
    4. 伴有上皮增生的囊肿
Ⅱ. 黑色素生成系统肿瘤
  A. 良性黑色素瘤
    1. 具有交界活性的良性黑色素瘤
    2. 良性真皮黑色素瘤
      （a）细胞型
      （b）纤维瘤型
  B. 恶性黑色素瘤
    1. 上皮样细胞型
    2. 梭形细胞型
    3. 上皮样细胞和梭形细胞型
    4. 树突状和螺纹型
Ⅲ. 软（间质）组织肿瘤
Ⅳ. 继发性肿瘤
Ⅴ. 未分类肿瘤

肿瘤的描述

Ⅰ. 上皮肿瘤和瘤样病变

A. 基底细胞瘤（基底细胞癌、基底瘤、基底细胞上皮瘤）（basal cell tumor, basal cell carcinoma, basalioma, basal cell epithelioma）（图 7-1 至图 7-4）

这些肿瘤界限清楚，一般为良性，其外周的栅栏状细胞类似于表皮的基底细胞。它们表现出多种多样的组织学模式：实体、花环或带状、水母样、腺样、囊性和基底鳞状变化，有时还有角化灶，以单个或几个联合的方式出现。因此，如有必要进一步分类，应以主要的组织学模式为基础。在基底细胞瘤中常可见到有丝分裂象和黑色素形成。尽管基底细胞瘤在组织学上常有间变表现，但很少转移，切除后也很少复发。只有表现局部侵犯的有基底鳞状变化的基底细胞瘤，似乎侵袭性较强，但就目前所知，尚不能肯定。

基底细胞瘤被认为是起源于表皮的基底细胞，但也有人提出，其组织发生和痣一样。家畜基底细胞瘤的组织学与人基底细胞癌的相似，但人的那些重要的变化如表面多中心型、硬斑病型和纤维上皮型，都不曾见于家畜。

基底细胞瘤常见于犬和猫，在他种家畜很少见。主要位于头部和颈部，但也可发生在身体的其他部位。大的肿瘤常发生表面溃疡。

B. **鳞状细胞癌（表皮样癌）**（squamous cell carcinoma，epidermoid carcinoma）（图 7 - 5 至图 7 - 7）

这是一种由分化程度不同的细胞构成的具有侵袭性的恶性表皮样肿瘤。分化程度高的类型是由排列成条索状或螺纹状的鳞状细胞构成的，具有常呈层状癌珠的角化中心，单个细也有胞的角化。容易找到细胞间桥，这有助于区分鳞状细胞癌和基底细胞瘤。常可见到炎症过程，特别是在肿瘤的周围。在分化程度不太高的类型，单个细胞的角化比较常见，而癌珠和细胞间桥则不常见。在分化程度低的肿瘤中，常很难认出其细胞是否为鳞状细胞。如有角化，也仅限于单个细胞，且常伴有核碎裂，而没有像分化程度较高的类型中的那种核浓缩。也有极少数病例，多数细胞是梭形的（梭形细胞型），因此容易与肉瘤或癌肉瘤混淆。有丝分裂象在各类鳞状细胞癌中都很常见，在分化程度不高的肿瘤中更为常见，也更为不典型。

除猪以外，皮肤鳞状细胞癌在各种家畜都比较常见，能发生在身体的任何部位，具有中度恶性，其恶性程度比黏膜皮肤交界处或其他脏器的肯定小些。一个例外是犬脚趾上常发生的鳞状细胞癌，常伴有溃疡，极易向局部淋巴结转移。

在人，一些癌前病变如光化性（日光性）角化病、鲍文（Bowen）病、砷性角化病、放射性皮肤病和着色性干皮病（先天性），在鳞状细胞癌的发生上起重要作用。这些早期病变在家畜都还没有报告，但不能因此说它们并不存在。白猫的耳、鼻，非洲安哥拉山羊的会阴和耳，以及牛的眼睑（"癌眼"）发生鳞状细胞癌的病因学因素是日光辐射。机械性刺激和损伤（美利奴绵羊某些品系打耳标、草籽对皮肤的侵害、亚洲牛的角心癌）和烧伤（"烙印癌"），也可诱发鳞状细胞癌。

C. **乳头状瘤（传染性疣）**（papilloma，infectious wart）

1. 鳞状细胞乳头状瘤（squamous cell papilloma）（图 7 - 8）

这种由病毒诱发的良性肿瘤是有蒂或无蒂的。肿瘤的上皮是由正常表皮延续下来的，有的还有色素。肿瘤基质（由结缔组织和血管组成）的指状分支和肿瘤上皮的网钉会伸入基质。在表现为气球样变和不同程度角化的细胞里，嗜碱性核内包涵体的存在可反映肿瘤的生物学过程。

2. 纤维乳头状瘤（fibropapilloma）（图 7 - 9）

牛的这些由病毒诱发的良性肿瘤，其纤维组织的增生程度和上皮组织的一样高，或者还要高些。病变通常比鳞状细胞乳头状瘤的也要大些。纤维组织成分可形成纤维螺纹，里面有内含丰富点彩的核，并有少数有丝分裂象。上皮网钉常会深入部分纤维中。

D. **皮脂腺肿瘤**（sebaceous gland tumor）

皮脂腺肿瘤最常见于头部（尤其是眼睑和耳盯聍腺）和四肢。

1. 皮脂腺腺瘤（sebaceous adenoma）（图 7 - 10）。

皮脂腺腺瘤为良性肿瘤，主要是由皮脂腺中有丝分裂活跃的繁殖细胞（generative cells）组成的。个别细胞含有反映分化开始的脂质空泡。这种肿瘤在犬非常普通，但在其他动物较少见。

2. 皮脂腺癌（sebaceous carcinoma）（图 7 - 11、图 7 - 12）

肿瘤主要是未分化的多形性细胞，成熟的皮脂腺细胞比较少见，内含大小明显不同的脂质空泡。

肿瘤看来是恶性的，但有关其生物学的资料很少。各种家畜都少见。

3. 瘤样增生（老龄性增生）（tumor-like hyperplasia）（图 7 - 13）

病变常呈多发性，其特征是聚集着增生的而又几乎都是成熟的皮脂腺。这在老年犬，特别是老年公犬非常普通。

E. 肝样（肛周）腺*肿瘤[tumour of hepatoid（perianal）glands]

肝样腺是局部分泌腺，各种犬都有，特别是肛周区（肛周腺或环肛腺），但也见于包皮、外阴、尾、后肢和躯干。应当指出，肛周区尤其是肛囊的周围，也有顶泌汗腺和皮脂腺。因此，肛周区的每一个腺体肿瘤并非都来源于肝样腺。肝样腺的肿瘤主要发生在老年犬，公犬更为常见。

1. 肝样腺腺瘤（adenoma of hepatoid glands）（图 7 - 14、图 7 - 15）

这些良性肿瘤，可分为伴有继发性血管形成的腺瘤和过渡形细胞的腺瘤，后者更为常见。前者的特征是有大的腺体区，内有小血管和由储备细胞包围的软组织小岛。后者除上述结构外，还有一种细胞，其核大而淡染，胞质很少。根据作者的经验，前者较多复发。

2. 肝样腺癌（carcinoma of hepatoid glands）（图 7 - 16）

这些恶性肿瘤的主要特征是储备细胞大量增生，并出现"鸟眼"细胞。切除后，常发生转移和复发。

3. 瘤样增生（tumor-like hyperplasia）（图 7 - 17）

这些良性病变很像正常的肝样腺。除了肛周区外，与其他肝样腺肿瘤相比，尾部更为多见。

F. 汗腺肿瘤（sweat gland tumor）

汗腺肿瘤远不如皮脂腺肿瘤那样普通，主要见于犬，偶尔见于猫，其他家畜很少见。相当于人的一些肿瘤，如乳头状汗腺瘤、透明细胞汗腺腺瘤、外分泌性真皮圆柱瘤、汗腺腺瘤和汗腺囊瘤，在家畜尚未见过报道。

1. 乳头状汗腺腺瘤（papillary syringadenoma**）（图 7 - 18）

据说这种良性肿瘤是从汗腺导管发生的。组织学观察可见被覆双层上皮的粗而有分支的突起伸入囊腔。基质中总可见到浆细胞积聚。

2. 顶泌汗腺（大汗腺）囊腺瘤（cystadenoma of apocrine sweat glands）（图 7 - 19）

这种良性肿瘤有一种乳头亚型，其部分充满分泌物的囊肿中有一些衬以单层上皮的突起伸入。还有一种特殊变异型，内有宽而不规则的网，也是衬以单层上皮。它们的基质和囊腔中，可见到常含有类蜡质色素的巨噬细胞。

3. 汗腺腺瘤（spiradenoma**）（图 7 - 20、图 7 - 21）

这种良性肿瘤是由两种类型的细胞组成的：深染的小核细胞和淡染的大核分泌细胞。细胞排列分散或不规则，也可形成腺体结构。这种肿瘤与人的汗腺腺瘤极为相似，据说是来源于外分泌汗腺（小汗腺）的分泌部。犬的这种肿瘤是否也像人的那样疼痛，还不清楚。

4. 顶泌汗腺混合瘤（mixed tumor of apocrine sweat glands）

这些罕见的肿瘤有的是良性，有的是恶性。其中有腺上皮、肌上皮成分以及软骨样和骨样组织。

5. 顶泌汗腺癌（carcinoma of apocrine sweat glands）（图 7 - 22 至图 7 - 25）

这种恶性肿瘤不像良性肿瘤那样常见。如能确定它是从上述良性肿瘤的某一类组织发生的，就可以认为它是与那些良性变异型（上述 1～4 项）相对应的恶性肿瘤。但往往不可能做到，因而只能分为乳头状癌、管状癌、实性癌和印戒细胞癌。实性癌是最普通的类型，其他很少见。常发生转移。

G. 毛囊肿瘤（tumor of hair follicle）

人的毛囊瘤（trichofolliculoma）、毛根鞘瘤（trichilemmoma）和内翻性毛囊角化病（inverted

---

　* 肝样腺是皮脂腺和汗腺的混合腺，因结构似肝而得名，位于肛门周围的称为肛周腺或环肛腺。——译者注

　** syringadenoma 与 spiradenoma 均称汗腺腺瘤，但前者来自于汗腺的导管，后者来自汗腺的分泌部，即腺泡。——译者注

follicular keratosis），在家畜尚未见到报道。

1. 毛上皮瘤（trichoepithelioma）（图7-26、图7-27）

这种界限清楚的皮下良性肿瘤是由许多角质囊肿组成的。就像正常的毛囊一样，角化呈突发性的。周围的基质组织很像正常毛囊的"玻璃样皮肤"和结缔组织膜。常见黑色素沉着，伴有巨噬细胞和巨细胞的异物反应、钙化，以及由于继发细菌感染而引起的化脓性炎症。常见于犬，而未见于其他家畜，主要位于背部，而不是头部或下肢。

2. 坏死和钙化上皮瘤（necrotizing and calcifying epithelioma，malherbe）（图7-28、图7-29）

这种良性肿瘤也称毛基质瘤（pilomatrixoma），位于真皮下和皮下组织，是由两类细胞构成的。在上皮团块的周围是嗜碱性细胞，类似于基底细胞瘤的细胞。比较中心的区域有所谓"影子细胞"，在HE切片中呈粉红色，细胞边界明显，而胞核只留下轮廓。它们来源于嗜碱性细胞，常见于新生肿瘤，历时较久的肿瘤不常见或几乎不见。在嗜碱性层和"影子细胞"中，常可见到角化区。在影子细胞中，呈块状或细粒状的钙化比较常见，但并不是固有的特征，也可能出现骨化生。也像毛上皮瘤那样，异物反应比较普通。此瘤常见于犬，不常见于其他家畜。主要发生部位是躯干。

H. 皮内角化上皮瘤（角化棘皮瘤）（intracutaneous cornifying epithelioma，keratoacanthoma）（图7-30、图7-31）

这种包囊完整的良性皮肤肿瘤是由单个或多个腔体组成的，腔体衬以角化的复层鳞状上皮细胞，但常无颗粒层。常有乳头状突起伸入腔中。腔体大多充满同心层或均匀的角质，并常混有胆固醇结晶。通常存在上皮孔，使腔体与上皮表面直接相通。黑色素沉着和钙化都很轻微。在这种肿瘤中，90%以上都可出现像毛上皮瘤和malherbe上皮瘤那样的异物反应和其他炎症反应。这种比毛上皮瘤更为少见的肿瘤只在犬有过报道，颈部和躯干是主要发生部位。

在美国，犬的这种肿瘤称为角化棘皮瘤，因为认为它相当于人的角化棘皮瘤。但是，根据世界卫生组织关于皮肤肿瘤的组织学分类，人的角化棘皮瘤是一种发展迅速的、隆起的病变，由鳞状上皮组成，中心的"火山口"里充满着大量角质。表皮细胞索常从隆起的区域向真皮浸润，常可到达皮下组织，使其相互沟通；"火山口"的边缘向中心呈唇形，周围的表皮会呈现一窄条棘皮症变化。为什么不把犬的皮内角化上皮瘤看作与人的角化棘皮瘤相当，主要原因是其早期缺少隆起、起源于皮肤深部以及它们的多发性。从组织发生上看，犬的这种肿瘤被认为是来源于表皮囊肿或毛囊囊肿（但未被证实）。

I. 囊肿（cyst）

1. 表皮囊肿（epidermal cyst）（图7-32）

囊肿壁相当于正常表皮，但常因囊内角化物质压迫而萎缩。可见到一个小孔。囊肿破裂后总会出现伴有巨噬细胞和巨细胞的异物反应。表皮囊肿被认为是从异位表皮发生的，单发或多发，常见于头、颈和荐部。

2. 皮样囊肿（dermoid cyst）

囊肿的壁是由具有网钉的表皮和毛囊、皮脂腺一类的皮肤附器构成的。囊肿内充满角化物质和皮脂物质、胆固醇结晶以及毛团。它也会有表皮囊肿那样的小孔形成和异物反应。有一种奇特的现象是，在津巴布韦罗德西亚高脊背犬，经常会发现其背部中线有一种皮样囊肿（皮样窦）。

3. 毛囊囊肿（follicular cyst）（图7-33、图7-34）

这是家畜最常见的一种囊肿，是由于毛囊排出管或毛囊口发生先天性或后天性闭塞或堵塞后，导致毛囊或腺管产物潴留而形成的。囊壁的基层是柱状或立方鳞状细胞，然后为类似棘细胞层的几层细胞以及不连续的角化区。它与皮样囊肿不同，没有网钉。囊内充满角化细胞或分层的角质、毛发和胆固醇结晶。常见皮脂腺、顶泌汗腺或萎缩的毛囊伸向囊肿的底部。炎症反应，特别是对异物的炎症反应都比较常见。皮脂腺囊肿非常少见，而那些主要以单层柱状上皮为衬里的汗腺囊肿，则常见于老年犬。

4. 伴有上皮增生的囊肿（cyst with epithelial proliferation）

这种囊肿为鳞状上皮细胞向表皮囊肿和毛囊囊肿的腔内增生，一般认为它是皮内角化上皮瘤的早期表现。

Ⅱ. 黑色素生成系统肿瘤

对黑色素生成系统肿瘤的了解还很不够。黑色素肿瘤的发生率，在家畜种间差异很大。老年灰马和犬比较常见，牛和猪不大常见，猫和绵羊很少见。不同种家畜的黑色素瘤，其形态不完全相同。它们的组织发生几乎完全不清楚，尤其是痣细胞，而它在人的黑色素细胞肿瘤的发生上起着最为重要的作用，类似的情况似乎也存在于犬和猪。

由于这些原因，目前似乎还不可能提出一个适用于所有家畜的黑色素肿瘤的分类。因此，下面的分类只是根据已经认真研究了的犬的口腔和皮肤黑色素瘤进行的，其基础是作者们在德国吉森和慕尼黑等大学病理学系收集到的 700 只犬的口腔和皮肤黑色素瘤所做的工作。口腔黑色素瘤之所以收集在里面，是因其与皮肤恶性黑色素瘤非常相似。这些肿瘤之间的主要区别是，犬的口腔黑色素瘤几乎都是恶性的，而皮肤恶性黑色素瘤却比通常所认为的少得多。

A. 良性黑色素瘤*（benign melanoma）

1. 具有交界活性的良性黑色素瘤（benign melanoma with junctional activity）（图 7-35 至图 7-37）

其特征是存在交界细胞巢。大多数情况下，这些肿瘤的色素都很多，因此详细结构被掩盖了。整个肿瘤面上都有细胞团块分布，但更多的是局灶性分布。在毛囊中也能发现类似的细胞巢。经脱色后，可见交界细胞巢是由数目不等（3～20 个）的圆形或多边形细胞组成的，细胞核呈球形或卵圆形。在交界细胞巢下面，常可见富含色素的小梁结构。色素含量往往随深度增加而减少。真皮上层的瘤细胞，其界限清楚，呈圆形或立方形，球形胞核位于细胞中心。肿瘤深部是按带状或螺纹状排列着的一层挨着一层的梭形细胞。有丝分裂象很少。坏死区可能有，但不常见。肿瘤细胞通常埋在由胶原和嗜银纤维构成的致密网中，几乎每个瘤细胞都被包围。这种肿瘤在某些方面类似于人的复合痣。它可达到豌豆大小，往往呈疣状，常长在眼睑上。

2. 良性真皮黑色素瘤（benign dermal melanomas）

（a）细胞型（cellular type）（图 7-38 至图 7-42）

这些肿瘤位于真皮和皮下，由宽度不等的纤维组织带与表皮隔开。它能四处扩散，但只到达表皮的下面。一般没有交界活性。肿瘤与表皮之间通常有分界线，但常向皮下脂肪浸润。肿瘤的颜色通常很重，但色素含量在同一肿瘤的不同部位和不同肿瘤会有所不同。着色重的肿瘤，详细结构只有在脱色后才能看到，其特征是密集的梭形细胞排列成螺纹状。经常可见到致密、分层、纵向排列的梭形细胞索。在水肿区还可见树突状形态的肿瘤细胞，在靠近溃疡表面尤其明显。细胞多形性一般缺如，但可见到有丝分裂象。根据色素含量，还可见到数量不等的巨噬细胞（噬黑色素细胞）。它们主要出现在坏死区的附近。通常还有大量的胶原纤维和嗜银纤维。这些肿瘤可达到甚至超过核桃大小，主要位于四肢和躯干。

（b）纤维瘤型（fibromatous type）（图 7-43 至图 7-46）

此型的特征是色素很重的黑色素细胞呈带状向真皮上部浸润。肿瘤细胞呈长树突状，常同表面上皮平行排列。毛囊、血管和皮肤神经的周围可见到类似的树突状细胞巢。肿瘤深部，有少量黑色素生成细胞和纤维丰富的梭形细胞组织，很像纤维瘤。通常没有交界活性，也没有坏死变化。这些肿瘤可达樱桃大小，常见于躯干，往往是悬垂着的。

---

　* 人医病理学把黑色素生成细胞造成的肿瘤性生长分为良性和恶性两类。前者包括交界痣、皮内痣、复合痣、蓝痣等色痣，后者包括恶性黑色素瘤和恶性蓝痣。交界痣的黑色素细胞位于表皮和真皮的交界处，故名。它相当于家畜的"具有交界活性的良性黑色素瘤"。皮内痣则相当于"良性真皮黑色素瘤"。人的恶性黑色素瘤多来自交界痣。恶性黑色素瘤的细胞据说是从基底层中的特异神经末梢细胞演变来的，故有人认为应称为黑色素癌。——译者注

B. 恶性黑色素瘤（malignant melanoma）（图 7 - 47、图 7 - 48）

这些肿瘤的一个重要特征是交界和/或皮内生长，通常很易识别，除非已发生广泛溃疡。树突状和螺纹型是例外，它们看不到这个特征。表皮内肿瘤生长可根据单个的非典型细胞、细胞巢和向表皮基底层的带状浸润现象来证明。除树突状和螺纹型外，所有恶性黑色素瘤的共同特征是间变，表现为细胞的多形性和不同程度的有丝分裂活性。坏死比较普通，但不是经常出现。常常发生向淋巴管和/或小静脉的侵袭性生长。有些肿瘤在肉眼看来是没有黑色素的，但如对黑色素做仔细检查，就会发现真正无黑色素的黑色素瘤是相当少见的。凡是色素很少或没有的肿瘤，银染色（Fontana）对组织学诊断很有帮助，因为它至少能发现一些含有黑色素的肿瘤细胞。恶性黑色素瘤主要发生于四肢皮肤和口腔黏膜，常可达鸡蛋大或更大。表皮常有广泛溃疡，尤其是口腔黑色素瘤。肿瘤常导致颌骨被破坏。

1. 上皮样细胞型（epithelioid type）（图 7 - 49 至图 7 - 51）

这些黑色素瘤几乎完全由癌样组织模式的上皮样细胞组成。肿瘤细胞密集，故类似髓样癌，也可排列成小叶或小梁。胞核一般较大，染色质含量不等，并有一个或几个明显的核仁。上皮样黑色素瘤通常没有过多的色素。

2. 梭形细胞型（spindle cell type）（图 7 - 52、图 7 - 53）

这种类型的黑色素瘤几乎都是由大小不等的典型双极梭形细胞组成的。胞核多呈卵圆形或细长，染色质稀少，核仁不大明显。有丝分裂象比其他类型的多得多。肿瘤细胞排列成比较一致的组织模式，类似梭形细胞肉瘤或纤维肉瘤。除了那种没有任何结缔组织纤维的黑色素瘤外，还有一些黑色素瘤，具有胶原纤维和嗜银纤维构成的致密网状结构。

3. 上皮样细胞和梭形细胞型（epithelioid and spindle cell type）

这是皮肤和口腔黏膜最常见的一种类型，其组织学表现与上述类型明显不同，以梭形细胞为主或是以上皮样细胞为主。即使在同一肿瘤中，也可见到大片梭形细胞组织模式或上皮样细胞组织模式。

4. 树突状和螺纹型（dendritic and whorled type）（图 7 - 54 至图 7 - 56）

此型不发生于口腔黏膜。肿瘤是由色素很多的梭形或树突状细胞组成的，这些细胞密集排列成螺纹状和带状模式。细胞的详细结构只能在脱色的切片上显示。肿瘤中有大量含有黑色素的界限明显的多边形或圆形大细胞（噬黑色素细胞？），其数量常超过小肿瘤细胞。后者是树突状的，但这一特征只是在未脱色的切片中才能辨认，脱色后反而不易看到。核小，染色质少，核仁也不明显。有丝分裂象缺如或很少。前述几种恶性黑色素瘤中所见的那种特别明显的间变模式，一般都见不到。因此，如果不是不可能，往往也很难将这种肿瘤与良性黑色素细胞瘤区别开来。经常存在大片坏死区。

Ⅲ．软（间叶）组织肿瘤

皮肤中会有多种软组织肿瘤，它们都是按第八章的分类进行分类的。

Ⅳ．继发性肿瘤

皮肤的继发性肿瘤非常罕见，有时会见到乳腺肿瘤向附近皮肤发生侵袭性生长的情况。

Ⅴ．未分类肿瘤

（姜楠译，杨玉荣、陈怀涛校）

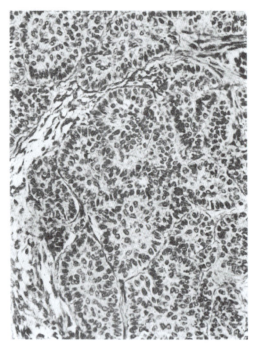

图 7-1　基底细胞瘤，实体（犬）

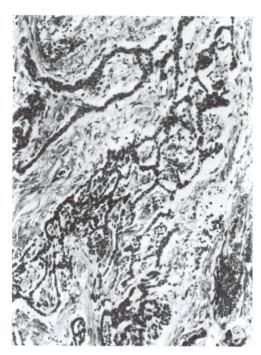

图 7-2　基底细胞瘤，花环状（犬）

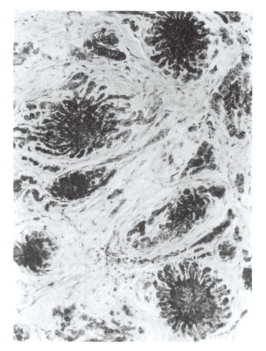

图 7-3　基底细胞瘤，水母形（犬）

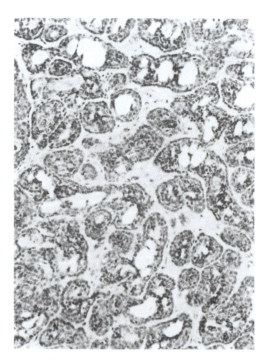

图 7-4　基底细胞瘤，腺样（犬）

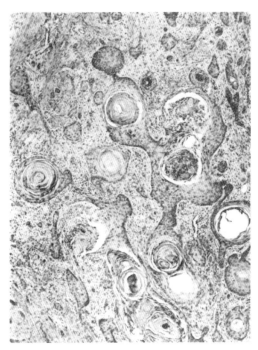

图 7-5 鳞状细胞癌，高分化的（犬）

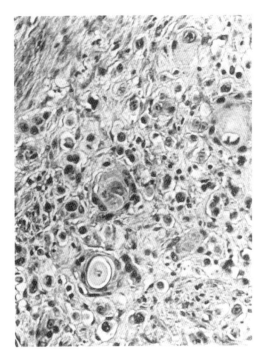

图 7-6 鳞状细胞癌，低分化的（犬）

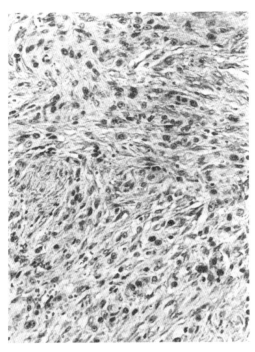

图 7-7 鳞状细胞癌，梭形细胞型（犬）

图 7-8 鳞状细胞乳头状瘤（犬）

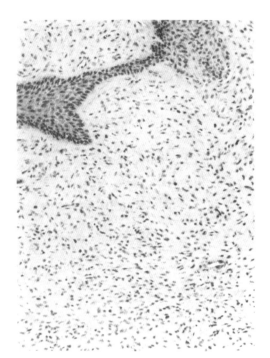

图 7-9　纤维乳头状瘤（公牛）

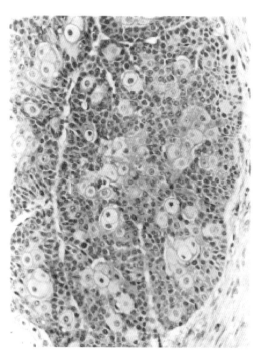

图 7-10　皮脂腺腺瘤，繁殖细胞和
有脂质空泡的细胞（犬）

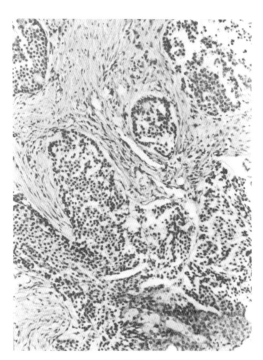

图 7-11　皮脂腺癌，侵袭性（犬）

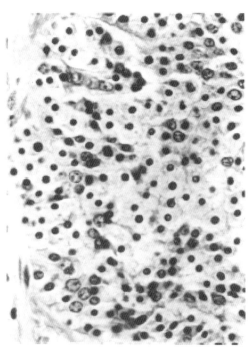

图 7-12　皮脂腺癌，多形细胞（犬）

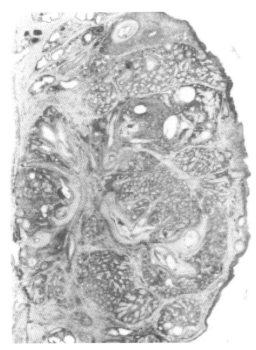

图 7-13　皮脂腺瘤样增生（犬）

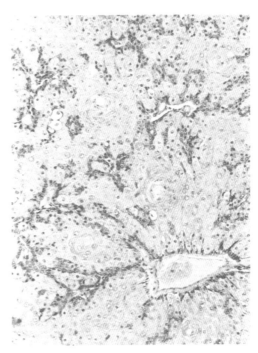

图 7-14　伴有继发性血管化的肝样腺腺瘤，
血管周围为贮备细胞（犬）

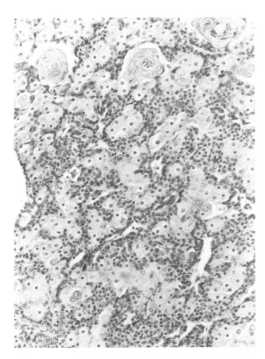

图 7-15　伴有过渡形细胞的肝样腺腺瘤（犬）

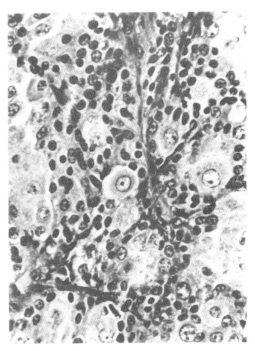

图 7-16　肝样腺癌（肺转移）（犬）

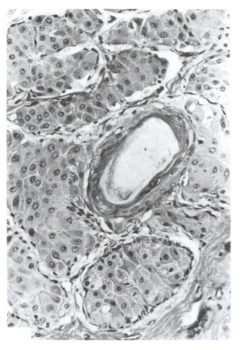

图7-17　肝样腺瘤样增生（犬）

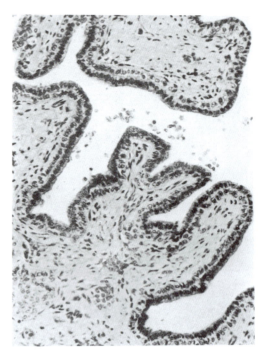

图7-18　乳头状汗腺腺瘤（犬）

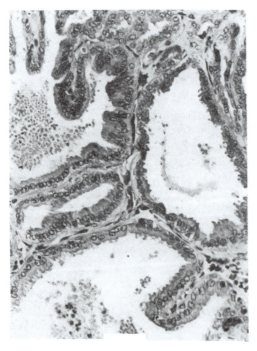

图7-19　顶泌汗腺囊腺瘤（犬）

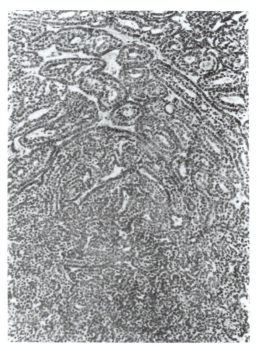

图7-20　汗腺腺瘤（犬）

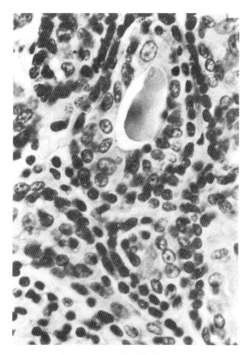

图 7-21　汗腺腺瘤（犬）

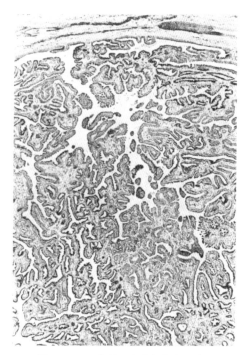

图 7-22　顶泌汗腺乳头状癌（犬）

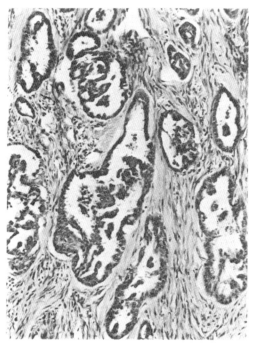

图 7-23　顶泌汗腺管状癌（犬）

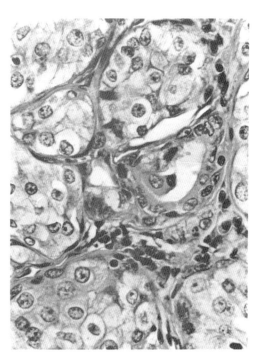

图 7-24　顶泌汗腺实性癌（犬）

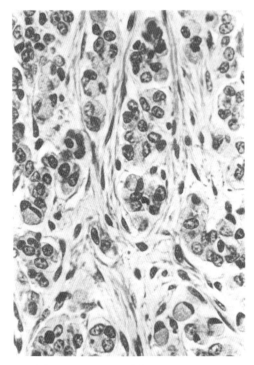

图 7 - 25　顶泌汗腺印戒细胞癌（犬）

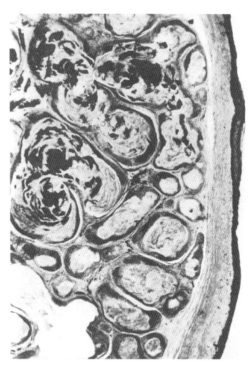

图 7 - 26　毛上皮瘤（犬）

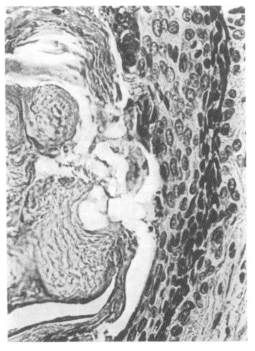

图 7 - 27　毛上皮瘤，突发性角化（犬）

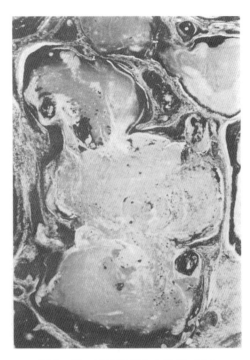

图 7 - 28　坏死和钙化上皮瘤（犬）

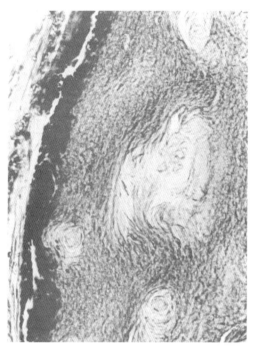

图 7 - 29　坏死和钙化上皮瘤，嗜碱性细胞和
"影子"细胞（犬）

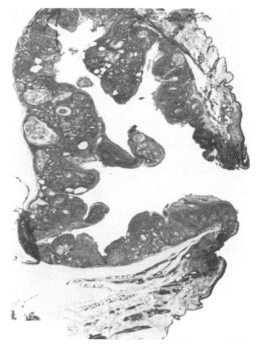

图 7 - 30　皮内角化上皮瘤（犬）

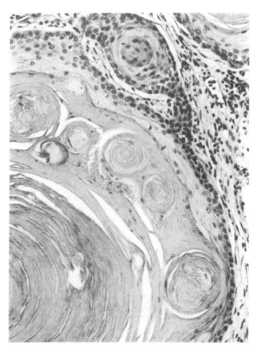

图 7 - 31　皮内角化上皮瘤（犬）

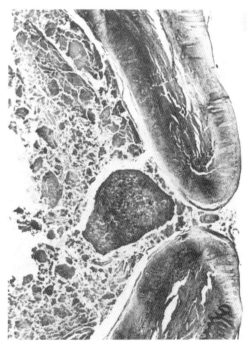

图 7 - 32　表皮囊肿（马）

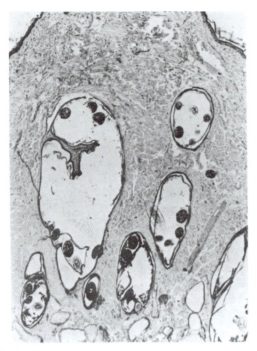

图 7 - 33　毛囊囊肿（犬）

图 7 - 34　毛囊囊肿，囊壁的放大视野（犬）

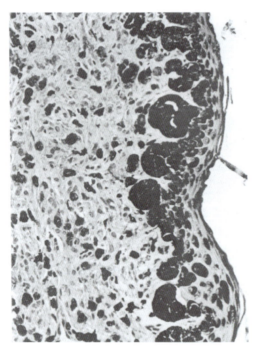

图 7 - 35　具有交界活性的良性黑色素瘤（犬）

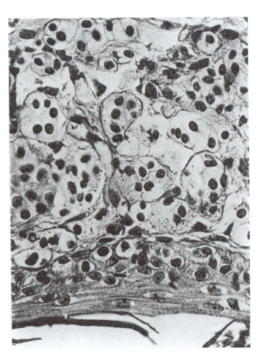

图 7 - 36　脱色后的具有交界活性的良性
　　　　　黑色素瘤（犬）

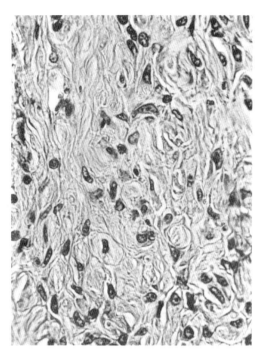

图7-37　具有交界活性的良性黑色素瘤，
脱色后的深部梭形细胞（犬）

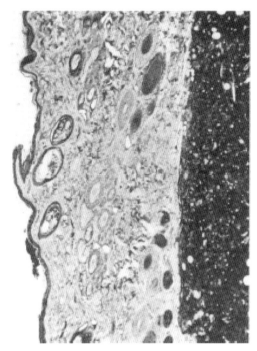

图7-38　良性真皮黑色素瘤，细胞型（犬）

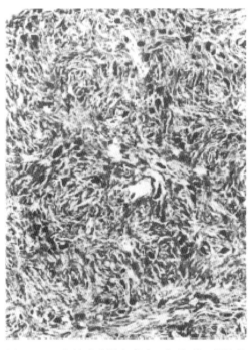

图7-39　良性真皮黑色素瘤，细胞型，螺纹状
排列的梭形细胞和噬黑色素细胞（犬）

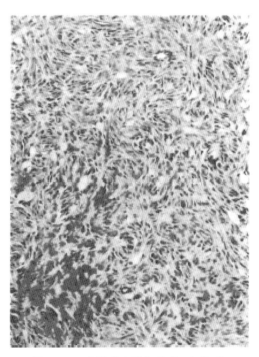

图7-40　良性真皮黑色素瘤，细胞型，
图7-39同一切片脱色后（犬）

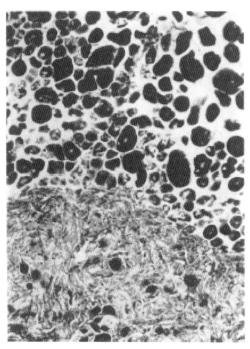

图 7 - 41　良性真皮黑色素瘤，细胞型，螺纹状
　　　　排列的瘤细胞和噬黑色素细胞（犬）

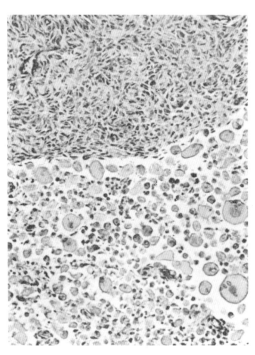

图 7 - 42　良性真皮黑色素瘤，细胞型，
　　　　图 7 - 41 同一切片脱色后（犬）

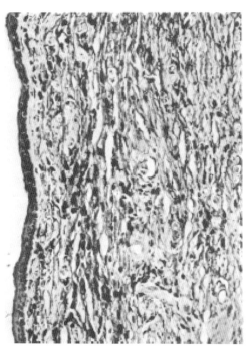

图 7 - 43　良性真皮黑色素瘤，纤维瘤型（犬）

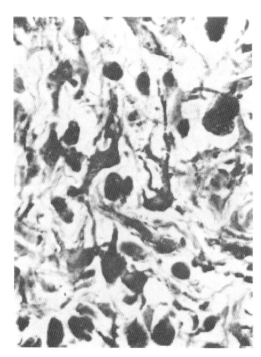

图 7 - 44　良性真皮黑色素瘤，纤维瘤型，
　　　　树突状黑色素细胞（犬）

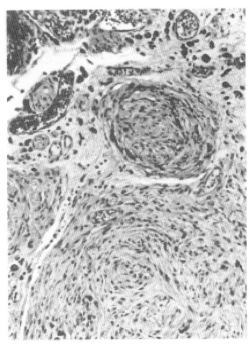

图 7 - 45　良性真皮黑色素瘤，纤维瘤型，
　　　　　纤维瘤样模式（犬）

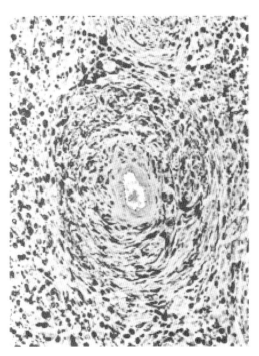

图 7 - 46　良性真皮黑色素瘤，纤维瘤型，
　　　　　动脉周围的肿瘤细胞（犬）

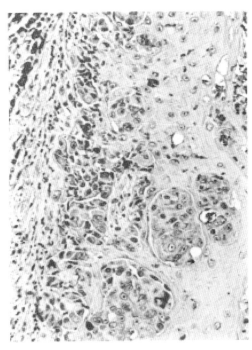

图 7 - 47　恶性黑色素瘤，具有非典型性和
　　　　　多形性的表皮内细胞巢（犬）

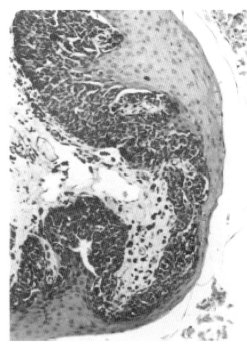

图 7 - 48　恶性黑色素瘤，口腔黏膜，
　　　　　带状上皮浸润（犬）

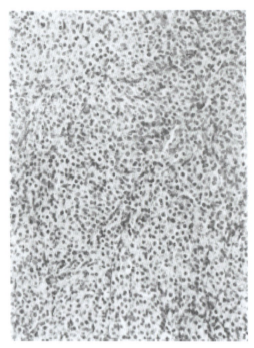

图 7-49 恶性黑色素瘤，上皮样型，
无黑色素（犬）

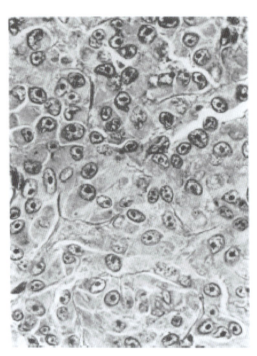

图 7-50 恶性黑色素瘤，上皮样型，
无黑色素，核仁明显（犬）

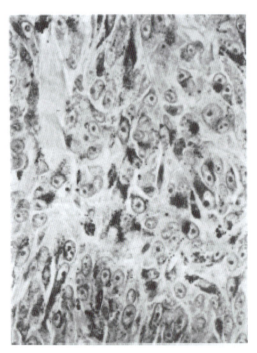

图 7-51 恶性黑色素瘤，上皮样型，无黑色素，
麦生-丰太那（Masson-Fontana）染色
阳性（犬）

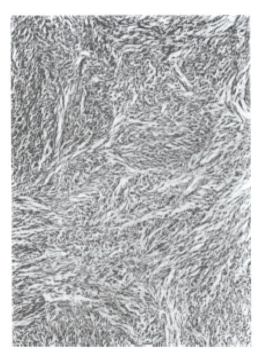

图 7-52 恶性黑色素瘤，梭形细胞型，
无黑色素，口腔黏膜（犬）

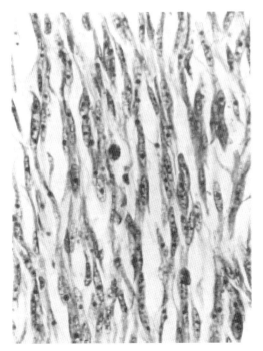

图 7-53 恶性黑色素瘤，梭形细胞型，
无黑色素，口腔黏膜（犬）

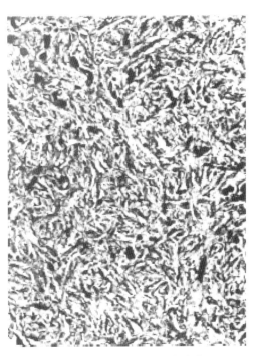

图 7-54 恶性黑色素瘤，树突状和
螺纹型（犬）

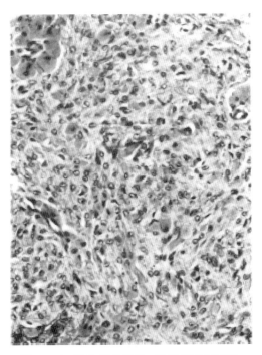

图 7-55 恶性黑色素瘤，树突状和螺纹型，
图 7-54 同一切片脱色后（犬）

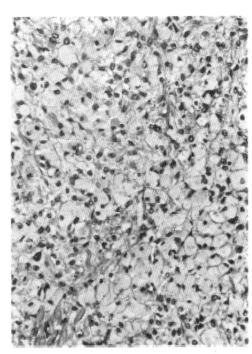

图 7-56 恶性黑色素瘤，树突状和螺纹型，
大细胞可能是脱色后的噬黑色素
细胞（犬）

第八章　软（间叶）组织肿瘤

E. Weiss

> 这是一个关于纤维组织、脂肪、肌肉、血管、淋巴管以及肥大细胞肿瘤的分类，与它们在体内发生的部位无关。纤维组织肿瘤分为纤维瘤、纤维肉瘤（包括"犬血管周细胞瘤"）、其他肉瘤、马类肉瘤和各种瘤样病变。对这些肿瘤的组织学表现做了描述，并示以图片。

　　本分类所涉及的"软组织"包括体内所有非上皮的骨骼外组织，但造血和淋巴组织、神经胶质、外周和植物神经系统的神经外胚层组织、副神经节结构、间皮和滑膜组织都不在此列。

　　本分类是同皮肤肿瘤的分类（第七章）一道制订的，有些肿瘤的描述都要涉及皮肤。尽管这一分类适用于体内各部位的软组织肿瘤，但为了和 WHO 关于人肿瘤的分类一致，故还是单独列为一章。本分类是根据对约 2 500 例肿瘤的研究提出的，其中多数肿瘤来自于犬。

软（间叶）组织肿瘤的组织学分类和命名

Ⅰ. 纤维组织肿瘤
　　A. 纤维瘤
　　　1. 硬纤维瘤
　　　2. 软纤维瘤
　　　3. 黏液瘤（黏液纤维瘤）
　　B. 纤维肉瘤
　　　1. 纤维肉瘤
　　　2. "犬血管周细胞瘤"
　　C. 其他肉瘤
　　D. 马类肉瘤
　　E. 瘤样病变
　　　1. 皮肤纤维性息肉
　　　2. 瘢痕疙瘩和增生性瘢痕
　　　3. 局限性钙质沉着症（钙质痛风、顶泌汗腺囊性钙质沉着症）

Ⅱ. 脂肪组织肿瘤
　　A. 脂肪瘤
　　B. 脂肪肉瘤

Ⅲ. 肌肉组织肿瘤
　　A. 平滑肌瘤
　　B. 平滑肌肉瘤
　　C. 横纹肌瘤
　　D. 横纹肌肉瘤

Ⅳ. 血管和淋巴管肿瘤
　　A. 海绵状血管瘤
　　B. 恶性血管内皮瘤（血管肉瘤）
　　C. 血管球瘤
　　D. 淋巴管瘤
　　E. 淋巴管肉瘤（恶性淋巴管内皮瘤）
　　F. 瘤样病变

Ⅴ. 外周神经间叶肿瘤

Ⅵ. 肥大细胞瘤

Ⅶ. 犬组织细胞瘤

Ⅷ. 网状细胞肉瘤
　　（皮肤网状细胞增生症）

Ⅸ. 其他肿瘤

肿瘤的描述

Ⅰ. 纤维组织肿瘤

A. 纤维瘤（fibroma）

1. 硬纤维瘤（fibroma durum）（图 8 - 1）

这种良性肿瘤是由密集的成熟纤维细胞和胶原纤维结缔组织构成的。瘤细胞的核呈梭形或卵圆形，染色质较少。胶原纤维通常排列成束，间或呈螺纹状。

2. 软纤维瘤（fibroma molle）（图 8 - 2）

这种良性肿瘤质软，是由不大致密的结缔组织构成的。肿瘤细胞通常呈星形。肿瘤里会有脂肪组织。

3. 黏液瘤（黏液纤维瘤）[myxoma（myxofibroma）]

这种良性肿瘤类似于软纤维瘤，但有多少不等的黏液。

B. 纤维肉瘤（fibrosarcoma）（图 8 - 3）

1. 纤维肉瘤（fibrosarcoma）

这是一种有界限的或有浸润性的肿瘤，是由胶原纤维、网状纤维和瘤细胞构成的。肿瘤细胞呈梭形或星形，排列不规则。有异形核，还有数量不等的有丝分裂象。这里也包括所谓梭形细胞肉瘤，但这一名称已经被弃用而改用"纤维肉瘤"，因为前者至少有些区域含有胶原纤维。通常只是根据上述组织学标准对纤维肉瘤做出诊断的。但应注意，这些肿瘤大多数虽然样子像恶性的，实际是良性的。由于长期随访的犬纤维肉瘤数量太少，不能就它们的恶性程度做出结论。

2. "犬血管周细胞瘤"（"canine haemangiopericytoma"）

即血管外膜细胞瘤，也称具有周皮瘤样结构的纤维肉瘤（fibrosarcoma with perithelioma-like structures）、周皮瘤（perithelioma）、血管肉瘤（haemangiosarcoma）（图 8 - 4 至图 8 - 6）。组织学上，肿瘤的特征是细胞呈梭形或纤维细胞样，卷曲、螺纹状或指纹样排列。细胞核为卵圆形，染色淡、核膜明显、呈细颗粒状。肿瘤的典型特征是瘤细胞在小血管周围呈洋葱皮样排列。根据血管壁发生透明变性的程度，管腔或开放或缩小。然而，肿瘤内只有很少的区域才有这些结构。肿瘤的主要部分与纤维肉瘤相似，但不应因此而称为"血管肉瘤"。不仅如此，"血管周细胞瘤"和"恶性周细胞瘤"之称也不正确，因为仅有洋葱皮样结构并不能证明肿瘤细胞是来自血管周细胞。这种肿瘤有一个变异型，表现为在黏液变性区或坏死区内有一些深染性梭形细胞围着血管（不是毛细血管）呈放射状排列（管套）。那种带"管套"的血管管腔一直保持开放，而管壁常发生透明变性。这些"肿瘤岛"的外周细胞像组织培养中的成纤维细胞一样，侵入周围的坏死区。这种血管周细胞瘤样结构可解释为肿瘤细胞在坏死区沿血管生长。这种所谓"犬血管周细胞瘤"最常见于老年犬。瘤体直径可达25 cm，色灰白，质硬实，呈分叶状。肿瘤常发生于皮肤和肌肉等软组织，主要在股部和躯干部。摘除后常复发（25%～50%）。转移仅见于坏死型。

C. 其他肉瘤（other sarcomas）

在组织学上，这些肉瘤的特征是瘤细胞呈多形性，类似于未分化的网状细胞、上皮样细胞和有一个或几个细胞核的巨细胞，常可见有丝分裂象。在肿瘤的不同区域可见数量不等的胶原纤维和网状纤维。较大肿瘤的中心常发生坏死。肿瘤细胞可向淋巴隙、淋巴管和血管浸润性生长并发生转移。即使没有任何纤维的那些界限不清的多形性肉瘤，其来源似乎也有可能是成纤维细胞。

D. 马类肉瘤（equine sarcoid）（图 8 - 7，图 8 - 8）

在组织学上，这种肿瘤像纤维肉瘤。与乳头状瘤不同，其中胚层增生，不仅是对上皮生长的一种反应，也是肿瘤的主要部分。表面的上皮常发生溃疡，并有网钉深入纤维团块。肿瘤最常见于耳根皮肤，但也可在其他部位的皮肤上发生。病变开始呈疣状（未角化），通常不止一个，以后向真皮和皮下侵入。摘除后常会复发，但不发生转移。肿瘤能在划破的皮肤上自行移植，据信是由病毒诱发的。

在许多地区，类肉瘤约占马皮肤肿瘤的一半。

E. 瘤样病变（tumour-like lesions）

1. 皮肤纤维性息肉（cutaneous fibrous polyp）（图 8－9）

这种皮肤息肉无毛，呈茎状或蕈状。其基部是由致密的胶原纤维和少量细胞构成的。被覆上皮有浅表溃疡，下有长的网钉。这种病变非常罕见。

2. 瘢痕疙瘩和增生性瘢痕（keloid and hyperplastic scar）

这两种病变的共同特征都是细胞核极少的致密胶原纤维，同时纤维束有明显的玻璃样变，这在用 van Gieson 法染色的切片中尤为明显。被覆上皮过度角化。如果能用适当的染色方法证明存在弹性纤维，就可同真正肿瘤如纤维瘤做出明确鉴别，真正的结缔组织肿瘤中没有弹性纤维。

3. 局限性钙质沉着症（钙质痛风、顶泌汗腺囊性钙质沉着症）（calcinosis circumscripta, calcium gout, apocrine cystic calcinosis）（图 8－10）

中央有粗糙的嗜碱性颗粒沉着，外周主要为巨噬细胞和巨细胞。这是大型品种年轻犬的一种比较普通的肉芽肿性病变。最常发生于四肢皮肤（尤其是足垫的皮下组织）和骨突上，但偶尔也发生在口腔，如舌上。

Ⅱ. 脂肪组织肿瘤

A. 脂肪瘤（lipoma）（图 8－11）

这种良性肿瘤是由成熟的脂肪细胞构成的。有时在脂肪细胞之间有宽而致密的结缔组织带。在大脂肪瘤中，通常都有坏死区和营养不良性钙化，也会发生黏液样变。脂肪瘤好发于胸部和股部，母犬较为常见。

B. 脂肪肉瘤（liposarcoma）（图 8－12）

这是一种恶性肿瘤，里面有许多卵圆形或圆形淡染的细胞核和有丝分裂象。会出现高分化型和多形型。后者的恶性较大，发生转移的也较多。

Ⅲ. 肌肉组织肿瘤

A. 平滑肌瘤（leiomyoma）（图 8－13）

这种良性肿瘤是由核呈火柴棒样的成熟平滑肌纤维构成，胶原形成多少不一。特殊染色（van Gieson，Mallory，azan*）有助于同纤维瘤鉴别。这种肿瘤在皮肤少见，但在雌性生殖道和消化道则比较常见。

B. 平滑肌肉瘤（leiomyosarcoma）

这种恶性肿瘤分化不良，细胞比平滑肌瘤多。其主要组织学特征是细胞核呈梭形，长而淡染，有多核巨细胞、有丝分裂象和坏死区。特殊染色有助于做出正确诊断。这种肿瘤在家畜很少见。

C. 横纹肌瘤（rhabdomyoma）

这种良性肿瘤是由一些核呈淡染、空泡状的长条形细胞以合胞体形式构成的。但这种瘤不是都能常看到横纹。用 azan 染色时，细胞质呈黄色；用 Mallory 染色，则呈鲜红色。经常可见到内含糖原的细胞，表现为许多空泡。这种肿瘤在家畜比较少见。

D. 横纹肌肉瘤（rhabdomyosarcoma）（图 8－14）

已报告的有高分化型和多形型。通常看不到横纹。这种恶性肿瘤在家畜很少见。

Ⅳ. 血管和淋巴管肿瘤

A. 海绵状血管瘤（cavernous haemangioma）（图 8－15）

这种良性肿瘤的典型组织学景象是衬以单层内皮细胞并由多少不等的纤维间质隔开的腔体。其中

---

* azan 即偶氮胭脂红-苯胺蓝-橙 G。——译者注

常可见到不同机化阶段的血栓，尤其是在损伤之后。

  B. 恶性血管内皮瘤（血管肉瘤）（malignant haemangioendothelioma，angiosarcoma）（图 8-16）

  这些高度恶性的肿瘤都有一种趋势，会变成由非典型的、多形的内皮细胞构成的实性生长物，因此与纤维肉瘤有某些相似。但肿瘤里至少有些区域会有内皮细胞构成的间隙，其中存在有红细胞，可据此做出诊断。此类肿瘤有丝分裂象很多。向各种器官转移的现象也比较常见。恶性血管内皮瘤并非海绵状血管瘤的一种未分化的间变形式，而是一种独特的肿瘤。

  C. 血管球瘤（glomus tumour）

  在人，血管球瘤可分为上皮样、血管瘤样和神经瘤样三种类型。上皮样型的瘤细胞质呈粉红色；核大，卵圆形，淡染，因此与上皮样细胞相似。在血管瘤样型，其瘤细胞都排在仅由内皮组成的血管周围，并在疾病的最早期，表现为正常血管球的结构。这些良性肿瘤在家畜非常罕见。神经瘤样型还没有在犬见到过，其他类型是否存在于犬，也还难以确定。

  D. 淋巴管瘤（lymphangioma）

  这一罕见的良性肿瘤，是由淋巴管构成的，形成毛细管性、海绵状或囊性肿瘤。先天性淋巴管瘤（畸形）在家畜和人都是存在的。

  E. 淋巴管肉瘤（恶性淋巴管内皮瘤）（lymphangiosarcoma，malignant lym-phangioendothelioma）

  这种恶性肿瘤在动物极为罕见。

  F. 瘤样病变（tumour-like lesions）

  阴囊静脉的静脉曲张和扩张可以认为是血管的瘤样病变。它们与人的血管扩张性疣（angiokeratoma，Mibelli）有一些相似。尤其是静脉扩张容易与海绵状血管瘤相混淆。病变总是定位于阴囊，这是鉴别诊断的一项重要依据。

Ⅴ. 外周神经间叶肿瘤

  详见第五章神经系统肿瘤。

Ⅵ. 肥大细胞瘤

  肥大细胞瘤（mastocytoma）（图 8-17、图 8-18）是由肥大细胞构成的恶性肿瘤。肥大细胞的颗粒形成，随不同病例或同一病例肿瘤的不同部位而有很大差异。细胞呈圆形、椭圆形、多角形或细长，核椭圆。在 HE 染色切片中，胞质淡红，稍呈颗粒状。有些肿瘤的颗粒形成很差，甲苯胺蓝染色有助于诊断。在分化程度差的肥大细胞瘤中，会出现一些可能是多核的奇异细胞。颗粒的异染性通常很弱。肥大细胞瘤是犬的皮肤间叶肿瘤中最普通的一种，常见于拳师犬；也可见于猫，其他家畜比较少见。肥大细胞瘤可呈多灶性，再发和转移常会导致全身化（恶性肥大细胞增多症）（见第二章造血和淋巴组织肿瘤病）。

Ⅶ. 犬组织细胞瘤

  犬组织细胞瘤（canine histocytoma）是良性肿瘤，其细胞较小（图 8-19、图 8-20），似乎能形成合胞体。细胞核多为圆形，淡染。常见有丝分裂象和退行性变化。常发生在年轻犬，特别是其头部和四肢。通常会自行消退。

Ⅷ. 网状细胞肉瘤（皮肤网状细胞增生症）

  网状细胞肉瘤（reticulosarcoma）是恶性肿瘤，可单发或多发，见于老年犬。它们像组织细胞瘤（见犬组织细胞瘤），但其细胞核更具多形性和深染性。这些肿瘤可能是淋巴肉瘤的特殊形式（见第二章造血和淋巴组织肿瘤病）。

Ⅸ. 其他肿瘤

主要发生于身体其他部位或系统的某些肿瘤，经常会波及皮肤的间叶组织。淋巴肉瘤，尤其在牛，有时就定位在皮肤（见第二章造血和淋巴组织肿瘤病）。犬传染性性病瘤，虽然最常位于外生殖器，但有时也会发生在皮肤（见第十九章前列腺和阴茎肿瘤）。

（黄小丹译，李广兴、陈怀涛校）

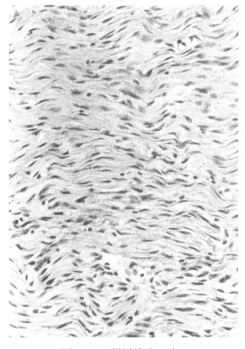

图 8-1　硬纤维瘤（犬）

图 8-2　软纤维瘤（犬）

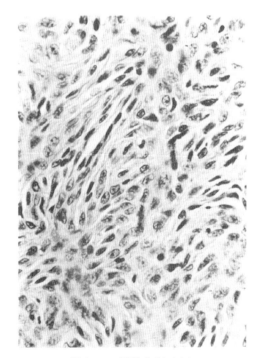

图 8-3　纤维肉瘤（犬）

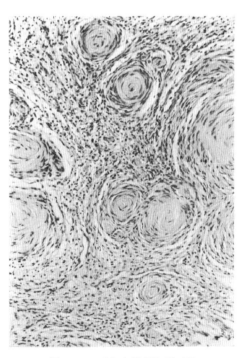

图 8-4　"犬血管周细胞瘤"

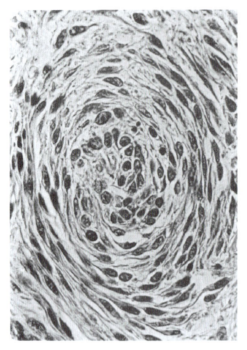

图 8-5　"犬血管周细胞瘤"

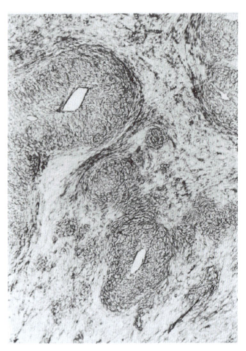

图 8-6　"犬血管周细胞瘤"，坏死区血管
周围的生长物，Gomori 银染色

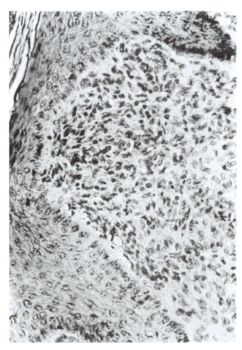

图 8-7　马类肉瘤

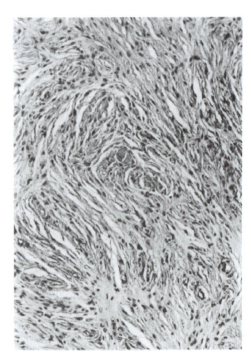

图 8-8　马类肉瘤

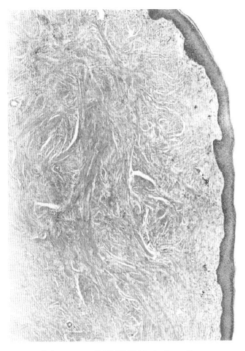

图 8-9 皮肤纤维性息肉（犬）

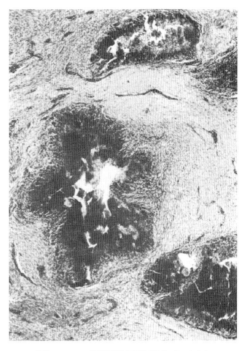

图 8-10 局限性钙质沉着症（犬）

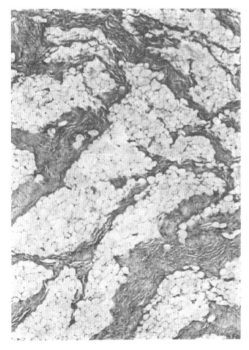

图 8-11 脂肪瘤（犬）

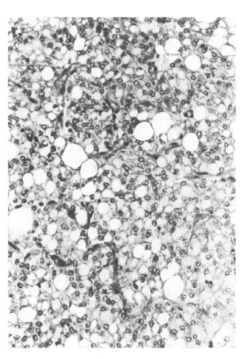

图 8-12 脂肪肉瘤（犬）

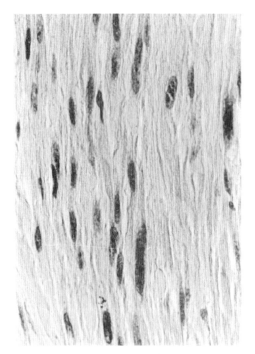

图 8-13 平滑肌瘤（犬）

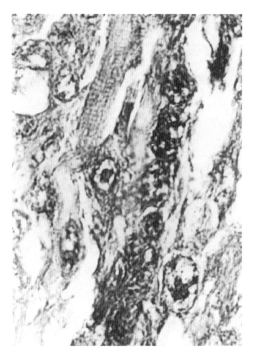

图 8-14 横纹肌肉瘤（犬）

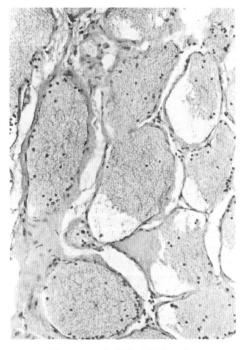

图 8-15 海绵状血管瘤（犬）

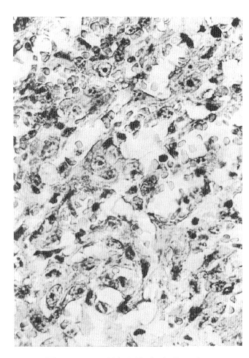

图 8-16 恶性血管内皮瘤（犬）

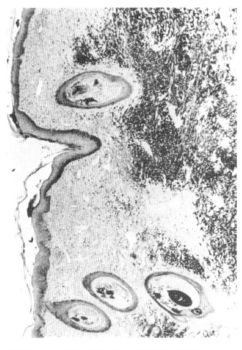

图 8-17　肥大细胞瘤，甲苯胺蓝染色（犬）

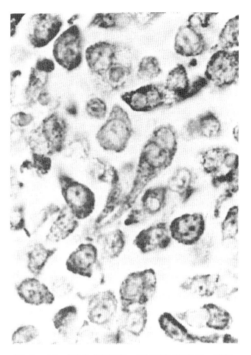

图 8-18　肥大细胞瘤，甲苯胺蓝染色（猫）

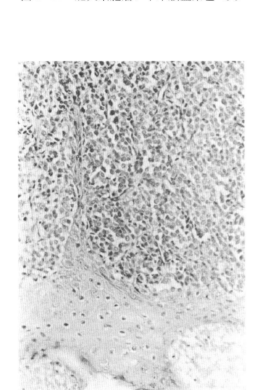

图 8-19　犬组织细胞瘤

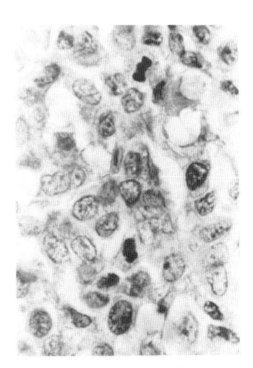

图 8-20　犬组织细胞瘤

第九章 乳腺肿瘤和发育不良

J. F. Hampe 和 W. Misdorp

由于乳腺肿瘤犬和猫较常见，而其他家畜罕见，所以这里只就这两种动物的肿瘤进行了分类。上皮细胞肿瘤中，凡是细胞既像分泌细胞又像肌上皮细胞的，便称为"复合"肿瘤；它们在生物学上不像只有一种细胞的"单纯"型肿瘤具有那么大的恶性。癌又分为腺癌、实性癌、梭形细胞癌、间变癌、鳞状细胞癌和黏液癌。"癌肉瘤"或"恶性混合瘤"这个名称只用于存在这样一些细胞的肿瘤，即它们在形态上不仅和上皮成分中的一种或两种相似，还和结缔组织细胞及其分化后的产物相似。良性肿瘤分为腺瘤、乳头状瘤、纤维腺瘤和良性软组织肿瘤。发育不良是按下列标题进行叙述的：囊肿，腺病，导管和小叶内规则的典型上皮增生，导管扩张，纤维硬化和小叶增生。

本分类涉及的是犬和猫乳腺的恶性和良性肿瘤及发育不良。仅在这两种家畜取得了研究所需的充足的病理材料，并且采取人医病理学的研究方法（显微镜的、追踪和剖检研究）。乳腺肿瘤在其他家畜都很罕见。分类表虽然包括犬和猫两种动物的，但其中有些类型，就像文内所描述的那样，只见于犬或只见于猫。

分类的基础主要是形态学，以组织发生为根据的很少，并且尽可能参照了 WHO 关于人类乳腺肿瘤的分类*。本研究所用的材料都是从各个中心经过严格选择取样的，包括约 800 只犬的和 300 只猫的标本。从这些样本，很难说明犬、猫的乳腺肿瘤中，恶性的或良性的各占有多大比例。阿姆斯特丹的外科材料中，母犬病变的 40% 左右和母猫材料的 85% 左右，都是根据有转移而证明其为恶性的。可是仔细检查老年犬和老年猫的乳腺，可能会发现许多是良性病变。

分类中最重要的是讨论恶性肿瘤那一部分，这是根据对已有转移的肿瘤所做的研究而进行的，因此这些肿瘤放在前面（肿瘤类型研究的确切数量，见 Misdorp 等**）。其次争论较多的显然是良性肿瘤。最后是意见不一的，为发育不良的增生性病变。

在有些地方，我们和人的分类不同，这在恶性肿瘤方面尤其如此。一方面这是因为不敢肯定犬、猫是否有与人的某些肿瘤完全相同的肿瘤（或者是人有无与犬、猫的某些肿瘤完全相同的肿瘤）。另一方面，是由于人的恶性肿瘤在分类时都要联系预后；而在家畜，其恶性肿瘤的自然病程，因采取安乐死而常会缩短。

这样，连同解剖生理上的差异，就一定会影响到病型的可比较性，即使在肿瘤类型看似相同的病例也是如此。

母犬乳腺的肿瘤和病变，如同时存在分泌细胞和肌上皮细胞，则列为"复合"肿瘤，如只存在其中一种细胞，则称为"单纯"肿瘤。在人和猫都还没有分开对待。可是，近年来的文献明确指出对这一问题（特别在人）进一步研究的重要性。我们根据在母犬复合肿瘤的经验，发现人乳腺的许多病变（恶性的和良性的）中有部分是肌上皮细胞。另一方面，例如对人腺病生长模式的了解，有助于我们识别母犬导管小叶增生的某些类型。

---

* Scarff R. W，Torloni，H，1968. Histological typing of breast tumours. Geneva. WHO.

** Veterinary Pathology，8：99～112（1971），9：447～470（1972），10：241～256（1973）．

一种分类不可能满足各方面的要求，并且肯定不会长期有效。可是，这里我们还是提出了一个分类，因为我们认为，这是可以适应的。例如，我们在回顾和前瞻性的追踪研究中发现，整个一类癌瘤的生长模式和生物学习性，随着它们是单纯的还是复合的而是有差异的，因此就可以相应地调整分类（W. Misdorp 和 J. Hart，未发表观察结果，1974）。最常见的癌瘤类型——单纯型（65％），通常都是以高度浸润方式生长的，能侵犯淋巴管，扩散到局部淋巴结、远处淋巴结和肺，故动物存活时间一般较短；复合型（35％）经常以较扩张的"推进"方式生长，向淋巴管侵袭的程度较小，而主要是向肺扩散，不经常进入淋巴结，因此动物存活时间较长。

癌瘤是根据其占优势的组织学景象分类的。可是犬的乳腺癌，不论是单纯的还是复合的，也可根据其分化水平进行分类。这种水平是由小管形成的程度表示的，其两端分别是管状腺癌和实性癌。这一原则，就像在人医病理学那样，可为肿瘤恶性的形态学分级提供依据。

我们的初步研究[*]表明：猫乳腺癌的组织学分级在肿瘤预测上是有意义的。在犬，临床分期远比组织学分级重要（W. Misdorp，J. Hart，未发表观察结果，1974）。

从我们对癌肉瘤（恶性混合瘤）的回顾研究发现，它们的生物学习性似乎与其癌变部分相关，并且和复合癌同属一个级别。这就有理由把恶性混合瘤和各种复合癌归为一类。但从前瞻性研究还没有得到更明确的资料前，我们一直是把有无软骨和骨组织（被认为是肿瘤实质的一部分）作为划分它们的界限的。虽然恶性混合瘤远没有与其对应的良性肿瘤那样常见，但在犬却要比人或猫多得多。

与乳腺癌不同，乳腺肉瘤不是根据占优势的瘤细胞的某些形态特征，而是依据存在的细胞间质的类型来分类的。

对于具有多分化（骨、软骨、脂肪等）的肉瘤，因为回顾性研究表明，其成分之一，即肿瘤性骨，是有决定意义的，所以人医病理学对原发性骨肿瘤，已不再使用"骨-软骨-脂肪肉瘤"这样的名称。回顾性研究资料不适用于家畜的乳腺肉瘤，我们还是使用了描述性的术语。

单凭形态学标准可能是错误的，如在人医病理学中，组织学景象为良性的肿瘤可作为例证，当其经过一段长时间后，会发生局部或远距离转移，例如有些乳头状囊腺癌。在我们的材料里，这样的病例约占转移病例的10％。

我们分类中用的恶性肿瘤的转移病例，在形态上都很明确。还有一类肿瘤，其生物学特性差异大或者还不清楚，都被划作可疑的、潜在恶性的或临界性的肿瘤。追踪研究表明，这些肿瘤中，如果不是全部，也会是极大部分，它们的恶性程度都被我们估计得过高了。尤其在母犬，对高度复合肿瘤，要做出评价是有困难的。这些并无恶性的肿瘤，会在镜检时给人一种恶性的印象。这在研究人的病理学材料时，尤其如此。

有些类型的病变，在形态学上有可能还不是它的最后阶段，而仅仅代表形态变化发展中的某个时期。因此，"临界性"病变的称谓，可能不仅反映解释形态所见的不确定性，而且也代表其最终结果尚不清楚的一个发展阶段。在癌症明确的病例，这种困难可能很小：一个小的、早期的或诊断前的侵袭性很小的癌瘤，可能具有与完全长成的诊断时可摸到的肿块的组织病理表现相同。还要考虑，在母犬，一种良性或貌似良性的肿瘤，有可能变成恶性。因此，在我们收集的病例中，有些癌瘤或肉瘤，可能是从纤维腺瘤或混合瘤发生的。

如果是一种增生性病变，而它还没有浸润性生长这样的恶性表现，那就需要进行观察，看它在病变发展的过程中，会出现什么样的形态表现。我们的研究似乎可以证明：通过小管并置与合并，可增生为复合腺瘤和良性混合瘤。在研究和解释人、畜的增生时，应考虑到有些病变会导致进行性变化，另一些则会发生退行性变化，而还有一些可能在长时期内停滞不变，这一点是非常重要的。乳腺的非恶性的或尚未变为恶性的增生性病变（不论称为肿瘤与否），其形态上的分类要比恶性肿瘤难得多；并且，这样的分类会引起争论，在不久的将来更可能需要修改。我们相信，人类乳腺的非恶性增生性病变的组织学分类，在用来同家畜的这一病变分类进行比较时，要远比恶性肿瘤容易些。我们意识到

---

[*]　Weijer K，et al.，1972. Journal of the National Cancer Institute. 49.（6）；1697~1701.

人医病理学里那些众所周知的分歧和争论，所以在分类时避免用"乳腺病"（mastopathy）这种名称。在是否采用"癌前病变"（precancerous lesion）和"原位癌"（carcinoma *in situ*）名称这个问题上，我们也做了决定。前者没有应用于组织形态和细胞核的标准，因为对这些病变的解释需要统计学研究。同样，对于犬、猫的乳腺癌，不论腺管型或腺管小叶型，也都没有把握做出原位癌的诊断。

在对家畜材料的比较研究中，我们没有发现相当于人的派杰（Paget）病或乳头腺瘤。和人医病理学一样，关于犬、猫乳腺的正常状态，意见也不一致。就母犬而论，应特别注意乳腺组织的结构变化同发情周期的关系。

本研究用的都是常规染色的切片，必要时也用过特殊染色，如高莫立（Gomori）网状组织染色法、伦得鲁姆-麦生（Lendrum-Masson）法和阿尔兴蓝（Alcian blue）* 法。

乳腺肿瘤和发育不良的组织学分类和命名

Ⅰ. 癌
  A. 腺癌
    1. 小管性
      (a) 单纯型[a]
      (b) 复合型[b]
    2. 乳头状
      (a) 单纯型
      (b) 复合型
    3. 乳头状囊性
      (a) 单纯型
      (b) 复合型
  B. 实性癌
      (a) 单纯型
      (b) 复合型
  C. 梭形细胞癌
  D. 间变癌
  E. 鳞状细胞癌
  F. 黏液癌
Ⅱ. 肉瘤
  A. 骨肉瘤
  B. 纤维肉瘤
  C. 骨软骨肉瘤（纤维-脂肪-骨软骨肉瘤，复合肉瘤）
  D. 其他肉瘤
Ⅲ. 癌肉瘤 （恶性混合瘤）
Ⅳ. 良性或近乎良性的肿瘤

  A. 腺瘤
  B. 乳头状瘤
    1. 导管乳头状瘤
    2. 导管乳头状瘤病
  C. 纤维腺瘤
    1. 管周
    2. 管内
      (a) 非细胞型
      (b) 细胞型
    3. 良性混合瘤
    4. 全纤维腺瘤变化
  D. 良性软组织肿瘤
Ⅴ. 未分类肿瘤
Ⅵ. 良性或近乎良性的发育不良[c]
  A. 囊肿
    1. 非乳头状
    2. 乳头状
  B. 腺病
  C. 导管内或小叶内规则的典型上皮增生
  D. 导管扩张
  E. 纤维硬化
  F. 雌性型乳腺（公犬）
  G. 其他非肿瘤性增生性病变
    1. 非炎性小叶增生
    2. 炎性小叶增生

---

* 这是一种铜酞花青的衍生物。——译者注
a "单纯"一词用于不像分泌上皮细胞便像肌上皮细胞所构成的任何一类肿瘤或增生。
b "复合"一词用于既像分泌上皮细胞又像肌上皮细胞所构成的任何一类肿瘤或增生。
c "发育不良"一词是按照WHO关于人类乳腺肿瘤分类的定义而使用的，并无某种无序的增生和一定程度的细胞核异型性涵义。

肿瘤的描述

Ⅰ. 癌

在人，淋巴浆细胞浸润是髓样癌的特征，可是在犬和猫，也见于表现不同程度间质反应的其他类型的癌。人分类中的乳头状癌，在犬和猫分为两类：乳头状癌和乳头状囊性癌。

A. 腺癌（adenocarcinoma）

1. 小管性（tubular）

（a）单纯型（simple type）（图 9 - 1 至图 9 - 3）　在犬，这些肿瘤相当多见。它们主要呈小管状排列。细胞与管腔的上皮细胞相似。约有一半的肿瘤也呈乳头状和/或实性以及/或鳞状排列的景象。多形性和有丝分裂活性有高有低，常有坏死。基质数量通常很少或中等。有些肿瘤的周围常有多少不一的淋巴细胞和浆细胞，但里面则很少见到。从组织学鉴别某些小管性腺癌与某些良性腺瘤病变一般比较困难，因为这种良性病变也会表现高有丝分裂活性或类似侵袭性生长。在猫，这些都是最常见的类型，其 30％左右会表现乳头状、乳头状-囊性以及/或实性景象。小管性腺癌的生长，不是表现高度侵袭性方式（70％），便是采取膨胀性结节的方式（30％）。对淋巴管的侵袭也是经常发生的（50％）。多形性为低度到中度；有丝分裂活性为中度到高度。广泛坏死比较常见，基质数量通常少或中等。淋巴细胞和浆细胞通常存于这些肿瘤的周围，往往数量比较多。

（b）复合型（complex type）（图 9 - 4、图 9 - 5）　在犬，其细胞主要按小管状排列。肿瘤由两类细胞组成：有些类似管腔上皮细胞，其他则像肌上皮细胞。肿瘤是由以立方状或柱状细胞（有些变为鳞状）为内壁的小管及其周围实性的多边形或梭形细胞片构成的，其中梭形细胞的胞质含有空泡。有时，周围肌上皮细胞多少是按星状网状模式排列的。膨胀性、结节性、分叶性生长相当普通（±50％），而沿淋巴管生长的则比较少见（±10％）。对这一类高度分化的癌与复合腺瘤进行组织学鉴别非常困难。大量有丝分裂象、细胞多形以及较多坏死的存在，通常都是恶性的表现。这种复合型，在猫没有见到过。

2. 乳头状（papillary）

（a）单纯型（simple type）（图 9 - 6）　常见于犬。其肿瘤小管里的柱状或立方状细胞，都是按无柄或有柄的乳头形式排列的。乳头的基质很少。这些肿瘤大部分纯粹呈乳头状，但有些也有实性区或无乳头状生长区。80％左右都有向表面皮肤和周围组织广泛浸润以及向淋巴管侵犯的现象。这种乳头状腺癌是生长在淋巴管里的，还是长在肿瘤性小管或是原先存在的小管里的，往往很难确定。有中度到高度的多形性和有丝分裂活性。分化程度较好的癌和良性乳头状病变（包括乳头状上皮增生），应从导管和小管的表现进行区别。有时，在具有非典型性但又没有浸润的病例中，是不易鉴别的。同样的类型往往也见于猫，多数（±80％）属于单纯乳头状型。它们通常采取高度侵袭的方式（80％），侵犯淋巴管的也比较普遍（60％）。多形性为低度到中度，有丝分裂活性则为低度到高度。广泛坏死是一个显著特征。淋巴细胞和浆细胞通常出现在肿瘤周围，数目常较多。管腔里常有粒细胞，即使没有明显坏死的肿瘤也是如此。

（b）复合型（complex type）（图 9 - 7）　罕见于犬。肿瘤小管里的细胞大多数排列成为无柄或有柄的乳头状。细胞分两类，有些像管腔的上皮细胞，另一些则像肌上皮细胞。那些由立方状或柱状上皮构成的乳突，都有成片的类似肌上皮细胞包在外面。通常这些肿瘤的界限都很明确，并不侵犯淋巴管。不易同复合型腺瘤区别。在猫只见到一例。

3. 乳头状囊性（papillury cystic）

（a）单纯型（simple type）（图 9 - 8）　在犬是一种常见的肿瘤，但会同时出现乳头状和囊性两种结构。瘤细胞里都是一些与管腔上皮组织相似的细胞，大部分为柱状，有时则为立方状。大多数肿瘤都有明确界限，侵犯淋巴管的比较少见。有低度到中度的多形性和有丝分裂活性。乳头状囊腺癌，特别是高分化的，有时不易从组织学上同乳头状囊腺瘤（papillary cystadenomas）和囊腺乳头状瘤病（cystadenopapillomatosis）区别开来。在这类肿瘤中，约有一半会表现侵袭性生长，并且往往还有侵犯淋巴管的现象。多形性和有丝分裂象并不显著。乳头状囊腺癌，特别是高分化的，往往不易在组织学上同经常呈多发性的囊腺瘤区别开来。

（b）复合型（complex type）（图 9 - 9）　　在犬，这种罕见的类型具有乳头状和囊性两种结构。瘤细胞像管腔上皮细胞和肌上皮细胞。它同单纯型很相似，其唯一差异是存在由梭形细胞构成的实性灶。这些细胞很像肌上皮细胞，胞质有空泡。有些癌虽有转移，但分化程度很好，如果不知道存在有继发性肿瘤，实际上也无法同它相对应的良性肿瘤进行鉴别。此型猫未见。

B. 实性癌（solid carcinoma）

（a）单纯型（simple type）（图 9 - 10 至图 9 - 12）　　此型癌常见于犬。其细胞主要排列成实性片、条索或团块，没有小管或其他管腔形成。细胞或为管腔上皮型，或为肌上皮型。在我们检查的癌瘤中，单纯实性癌不到一半，其余的含有一些腺瘤样分化灶。有中度到高度的多形性和有丝分裂活性。基质较少或中等。这种单纯型实性癌中，大多数呈侵袭性生长，侵入淋巴管的比较普遍（60%）。在有些小的实性癌与实性非典型上皮增生或原位癌之间，进行鉴别很困难。有些实性癌是由胞质空泡化的细胞所构成的（透明细胞型）。它们同肌上皮细胞有些相似，表明可能有一种完全属于肌上皮型的癌。在猫，这种比较普通的肿瘤类型中，一半是单纯实性癌，另一半含有腺瘤样分化灶。这些肿瘤一般都呈高度浸润性生长，会沿着淋巴管进行播散。在这些肿瘤的周围，多有中等量到大量淋巴细胞和浆细胞。

（b）复合型（complex type）（图 9 - 13）　　在犬，瘤细胞主要排列成实性片、条索或团块，没有管腔。其细胞形态同管腔上皮细胞和肌上皮细胞相似。占优势的实性部分是由胞质空泡化的细胞构成的。这些细胞的团块，围绕着那些可能表现鳞状化生的细胞所构成的小管。这些癌瘤的大多数，会像与它们相对应的腺瘤那样，以相当扩张的方式生长，但侵入淋巴管的很少见。复合型实性癌与复合腺瘤的鉴别很难。此型肿瘤猫未见。

C. 梭形细胞癌（spindle cell carcinoma）（图 9 - 14、图 9 - 15）

此瘤在犬大多为实性，但由于它有非常明显的梭形细胞，所以有必要另立一类。这些比较少见的癌瘤，其生长方式不是扩张性的，便是浸润性的，后一种方式还会伴有对淋巴管的侵犯。它和有些单纯型实性癌以及在组织学上很相似的纤维肉瘤，过去或许被一些人列入恶性肌上皮瘤（malignant myoepithelioma）中。梭形细胞癌与纤维肉瘤的鉴别会有困难，用网状纤维染色法可能容易些。这种肿瘤猫未见。

D. 间变癌（anaplastic carcinoma）（图 9 - 16）

在我们收集的犬肿瘤中，此类肿瘤也比较普通，一般不列入腺癌、实性癌、鳞状细胞癌或黏液癌。主要表现为弥漫性浸润的肿瘤，由多形性大细胞组成，细胞核经常呈奇异形状，染色质丰富，有些细胞为多核。可找到许多有丝分裂象。胞质嗜酸性，常有空泡。瘤细胞偶尔也会形成很小的、界限不清的小管结构或很小的实体索。有些间变癌的瘤细胞里以及间质中，有多形核粒细胞。胶原性基质很多（硬癌），并含有散在的淋巴细胞灶。侵入淋巴管是常见的特征。有些极度间变癌很难认定为上皮性肿瘤。此类肿瘤猫未见。

E. 鳞状细胞癌（squamous cell carcinoma）（图 9 - 17）

犬的这种癌主要是由表现恶性复层鳞状上皮特征（如棘细胞和/或角化）的细胞所构成的。在我们的材料中，这些肿瘤都是单纯型，但也会出现复合型，即那些非鳞状化部分是由两类细胞构成的。此瘤在人和犬都不太常见，在猫没有见过。组织学表现随不同肿瘤和同一肿瘤的不同部位而有很大差异。有一半的鳞状细胞癌，里面一部分是腺瘤样组织，其中有的还可见到明显的透明角质颗粒和角蛋白构成的层板。其他鳞状细胞癌则是由带有角化区的实性细胞片或索构成的。细胞片的外层部分基层细胞占优势，透明角质颗粒或无或极少。中央部分是由不分层的角蛋白构成的，易被误认为坏死的肿瘤组织。常可见到"影子"细胞。在大多数的这类癌中，角化都是突然发生的，就像在皮肤的 Malherbe 瘤里见到的那样。大多数鳞状细胞癌都有高度的浸润性，经常入侵淋巴管（50％）。乳腺的原发性鳞状细胞癌应与来自皮肤和真皮附器的原发性鳞状细胞癌以及表皮囊肿进行鉴别。这一类型的癌猫未见。

F. 黏液癌（mucinous carcinoma）（图 9-18、图 9-19）

此癌会有过多的黏液蛋白。典型的黏液癌在妇女以及母犬和母猫都很少见。在我们收集的材料里，占优势的是肿瘤性肌上皮细胞（复合癌），但它们在黏蛋白产生中所起的作用还不太清楚。在理论上，应当可以见到三类细胞，因为分泌性上皮细胞、结缔组织细胞和肌上皮细胞都能产生黏蛋白。我们的材料有限，不足以做出进一步的比较和分类。腺样囊型癌（adenoid cystic type of carcinoma）是否可以列入此类，还有争论。在犬和猫见到的几个黏液癌，同妇女的相比，看来应属于另一类型。在猫，我们只见到一个癌瘤，内有大量黏蛋白，被列入黏液癌。

Ⅱ. 肉　瘤

乳腺肉瘤常见于犬，但不常见于猫。发生转移的肉瘤只见于母犬。

A. 骨肉瘤（osteosarcoma）（图 9-20）

这些非复合肉瘤是由只能产生类骨质和/或骨质的非典型结缔组织细胞所构成的。里面常为不规则的骨质和类骨质小梁，其数量随不同肿瘤和同一肿瘤的不同部位而异。通常，中央的基质最致密，而细胞区位于周围。常有囊性坏死区和出血灶。瘤细胞多形，常呈多边形，可是有些肿瘤里主要为梭形细胞。大多数肿瘤里可见到有丝分裂象。靠近肿瘤性骨组织的地方，常可见到类似破骨细胞的多核巨细胞。犬的乳腺骨肉瘤，同发生在其他软组织及骨里的骨肉瘤之间，在组织学上并无明显差异。我们的材料里，没有可以作为非复合肉瘤的软骨肉瘤。

B. 纤维肉瘤（fibrosarcoma）（图 9-21）

这是一类包括非复合的、形态上不同类型的肉瘤，由梭形细胞和形态与数量不同的细胞间纤维构成，但没有其他类型的细胞间差异。梭形细胞之间存在网硬蛋白和胶原纤维，它们的数量和分布状况随不同肿瘤和同一肿瘤的不同部位而有很大差异。在母犬，纤维平行排列或杂乱无章，交织的纤维束则不常见，或者至少不是一种明显的特征。在有些肿瘤，增生的血管周围会有一些纤维和细胞向心排列着。应把这种病例同血管周细胞瘤区别开来。在有些肿瘤的基质里，会见到水肿和黏液样物质，但我们并没有因为这种物质的存在而把黏液肉瘤亚型作为相对应的黏液癌。多形性程度和有丝分裂象数量，在不同的纤维肉瘤差异很大。那些含有广泛化脓和出血灶的纤维肉瘤，不易与带包囊的脓肿相区别，但通常根据病变周围部分的表现，就能做出正确诊断。

C. 骨软骨肉瘤（纤维-脂肪-骨软骨肉瘤，复合肉瘤）（osteochondrosarcoma，fibro-lipo-osteochondrosarcoma，combined sarcoma）（图 9-22、图 9-23）

这是由肿瘤性骨和软骨组织构成的恶性肿瘤，有些还含有肿瘤性纤维组织和/或脂肪组织。大多数瘤体里可见直接的肿瘤性骨形成，和经由软骨内骨化而发生的间接的肿瘤性骨形成。有些肉瘤及其转移瘤，是由高度分化的组织构成的。此类肿瘤与良性结缔组织肿瘤不易鉴别，有时甚至不可能鉴别。

D. 其他肉瘤（other sarcoma）

代表其他肉瘤的只有犬的 4 例：转移的肥大细胞瘤 2 例；网织细胞肉瘤 1 例，同其他部位的同类肿瘤并无不同之处；脂肪肉瘤 1 例，看来它是从一个良性混合瘤来的，其转移瘤是单纯的脂肪肉瘤型。

Ⅲ. 癌肉瘤（恶性混合瘤）

癌肉瘤（恶性混合瘤）（carcinosarcoma，malignant mixes tumour）（图 9-24、图 9-25）是由形态上类似于上皮细胞（管腔上皮或肌上皮，或二者同时出现）和广义结缔组织的细胞所构成的。组织学景象随不同肿瘤和同一肿瘤的不同部位而有很大差异。可以见到各种类型癌瘤和肉瘤成分的混合物。相当数量（30%）的肿瘤有梭形细胞，其来源可能是肌上皮或结缔组织。从组织学检查可以判断在 30%的病例有癌瘤成分和软骨肉瘤成分之间的转化，这种转化可能通过一个中间黏液样变阶段。没有见到癌瘤和骨肉瘤之间的转化。骨肉瘤成分，在有些病例看来是以软骨内骨化（次级骨）的方式而形成的；另一些病例，则是通过纤维细胞（初级骨）变来的。在分化程度最高的那些肿瘤，也不能排除骨形成是经基质的非恶性化生而完成的可能性。

大多数肿瘤都有明确界限，只有一小部分（25%）发生严重浸润。入侵淋巴管的现象极为少见，看来这同癌瘤部分有关，而与肉瘤部分无关。那些淋巴源性和血源性转移的病变，都是混合型的、肉瘤型的或癌瘤型的。

这些恶性混合瘤中，有些不能单纯用组织学标准与良性混合瘤区分开来。恶性混合瘤与复合型癌瘤的鉴别比较困难，即使做出诊断也会是武断的，因为后者的纤维组织增生（认为是非肿瘤性的）和一些黏液样物质的存在，都会搞混组织学景象。那些被认为是来自一种（良性?）混合瘤的恶性混合瘤和癌瘤或肉瘤，都不易鉴别。

Ⅳ. 良性或近乎良性的肿瘤

阅读这部分良性肿瘤和良性发育不良（见本章之 Ⅵ）的描述，应同时参考 WHO 关于人乳腺肿瘤的分类[*]。犬、猫的病变中，有些没有单独叙述，而仅与人的相应病变做了比较。除另有说明的外，凡是人类病变的定义和描述，应当认为对犬、猫都是适用的。我们的观察证明了复合型的生长，这在腺增生和小叶增生尤其如此。

A. **腺瘤**（adenoma）（图 9 - 26 至图 9 - 28）

"真性"腺瘤（也见于妇女）是由分泌上皮细胞构成的一种单纯小管型肿瘤。这种病变在母犬和母猫都极为少见。可是，我们曾发现几例，呈实性的梭形细胞结节，基质很少，我们称之为单纯肌上皮实性腺瘤。

复合瘤在母犬和母猫都很常见，在妇女则否。它们里面都是增生的分泌上皮细胞和肌上皮细胞。基质的数量在分型上并不起决定作用。这些肿瘤同（细胞性）纤维腺瘤、良性混合瘤和（非肿瘤性）小叶复合增生会发生结构重叠的现象。就像发生于小叶的那种非肿瘤性炎性增生一样，炎性与化生变化也会发生，但并不明显。复合腺瘤与复合腺癌的鉴别诊断很难。乳头的腺瘤在犬和猫都未见过。

B. **乳头状瘤**（papilloma）

1. 导管乳头状瘤（duct papilloma）（图 9 - 29）

犬、猫不常发生导管（真性）乳头状瘤，也像其他增生性病变那样，具有变成明显复合型的趋势。

2. 导管乳头状瘤病（duct papillomatosis）

导管和囊肿里的乳头状生长，必须同"真性"乳头状瘤区别开来。它可能表现为突入导管腔的腺病，尤其是在猫的腺病小管，会表现出扩张和产生次级乳突，整个景象便形成了"导管乳头状瘤病"（duct papillomatosis）这样一个大家都同意的名称。虽然我们并不认为导管乳头状瘤病这一类型可作为真性（多发性）乳头状瘤的例证，但我们仍把它列入本标题下，而没有作为一种发育不良。导管乳头状瘤病与乳头状腺癌的鉴别，在猫特别困难。

C. **纤维腺瘤**（fibroadenoma）

1. 管周（pericanalicular）（图 9 - 30）

2. 管内（intracanalicular）（图 9 - 31）

（a）非细胞型（noncellular type）

---

[*] Scarff R. W., Torloni H., 1968. Histological typing of breast tumours. Geneva. WHO.

（b）细胞型（cellular type）

3. 良性混合瘤（benign mixed tumour）（图 9 - 32）

上述所有纤维腺瘤，犬、猫与人的基本一样，只是它们的复合性更为明显，同时良性混合瘤猫未见。"良性混合瘤"是犬最常见最被了解的肿瘤，如存在软骨、骨和脂肪，即使不占优势，也可用"良性混合瘤"这个名称。也和人的一样，对肿瘤"普通"基质的化生（如化生为软骨）与肿瘤性肌上皮成分的分化或化生，不可能做出鉴别。管周、管内非细胞型和细胞型等纤维腺瘤作为一方，复合腺瘤与良性混合瘤作为另一方，二者之间也存在结构重叠的现象。

4. 全纤维腺瘤变化（total fibroadenomatous change）（图 9 - 33）

我们不能肯定，这种病变是否应当认为是一种肿瘤，还是一种良性增生性发育不良。它见于猫，人或犬都没有与此相对应的病变。有可能与男性青少年的双侧乳腺弥漫性假性肥大或结节状病变相似，我们暂定为"雄性乳腺肿"（andromastoma）。这些病变在进入青春期的猫会波及一个、几个或全部乳腺。我们缺乏足够的资料，不能对后期状态或退化过程做出评论，但知道这种团块是会消失的。

D. 良性软组织肿瘤（benign soft-tissue tumour）

我们只见到过一些脂肪瘤和一个血管瘤。良性混合瘤有时像软骨瘤、骨瘤或纤维瘤。

Ⅴ. 未分类肿瘤

凡是不能列入上述任何一类良性和恶性肿瘤的，都列入此类。

Ⅵ. 良性或近乎良性的发育不良

A. 囊肿（cyst）

1. 非乳头状（nonpapillary）

就像人的那样，双层上皮看来经常是不存在的。在大多数病例，一个或几个乳腺里都有多个囊肿，可能不易与扩张了的导管相鉴别。

2. 乳头状（papillary）（图 9 - 34）

这是母犬的一种增生性最强的病变，经常是复合型。它与囊内和导管内的乳头状瘤以及导管乳头状瘤病，都不易区分。上皮细胞的瘤细胞性（顶泌或"粉红色"）化生经常表现为过度的乳头状生长，它的胞核有时还有多形性。

B. 腺病（adenosis）（图 9 - 35）

我们检查的家畜中，表现与人同样类型的增生性病变的病例，只是极个别的。在犬和猫的罕见病例中，它也很不明显，并且也不形成在临床诊断时可查到的团块。多小叶性或多管性腺病病灶，可融合成复合腺瘤。小叶内腺病可能无法与复合小叶增生区别。在有些病例，可表现为导管乳头状瘤病。腺病通常像别的增生过程那样，比人的更为复杂。可是，我们也曾见到过几乎完全是小管的单纯型。我们没有用"腺病"（有时称为生理性腺病）这个词来表示正常乳腺腺组织的发育，无论是否与周期性变化有关。

C. 导管内或小叶内规则的典型上皮增生（regular typioal epithelial proliferation in ducts or lobules）（图 9 - 36 至图 9 - 38）

对这一类增生，我们没有用人类病变的术语，而采用"上皮增生"（epitheliosis）这一名词。它用于原有结构里的上皮增生，而不指囊肿或扩张管道、腺病等上皮过度增生。增生可能只涉及一类细胞，但如有梭形细胞存在，也可能说明里面混有肌上皮细胞。除了人的分类里提到的生长模式外，增生的上皮在犬（以及在人）还会限于导管内壁，表现为具有高染性核的柱状细胞。我们把这种情况称为"壁上皮增生"（mural epitheliosis）。

我们没有按照争论很多的人乳腺肿瘤的分类方法，把不规则的或非典型的上皮增生作为非浸润性癌。我们的动物材料主要来自因其他病变所收集的乳腺。有规则的上皮增生主要见于母犬，并且主要在小管小叶区。它的存在同结节性病变无关；上皮增生本身形成结节的很少见。母犬的上皮增生，在生长模式上要均匀一致得多，其胞核景象也要比人的更有规律。我们曾遇见过一些病例，很难同腺乳头状癌鉴别。可是我们还不能根据经验，把母犬的上皮增生做进一步分类，对于它们在癌症发生（即危象增加的征兆、癌前病变）上的重要性，也提不出任何看法。由于不同的取样方法或材料的选择而带来的不同结果必须切记。也和人的一样，我们没有关于乳腺病（增生性乳腺病）病例上皮增生（伴有不同程度的非典型性）意义的资料，无法与无伴发病变的上皮细胞增生做比较。在猫，已发现了一些上皮增生的病例，但目前这不足以据此做进一步分类，并加以解释。

D. 导管扩张（duct ectasia）（图 9 - 39 至图 9 - 41）

在母犬和母猫，常可见到比较严重的导管扩张，往往使整个乳腺转变为海绵样团块。也会发生伴有继发性上皮变化的炎症，但不像在人那么常见，并且在这些病变里，分泌物的滞留，看来也不是一种常见现象。扩张并不限于导管，也可能波及终末小导管、小叶内小导管，甚至腺泡，此时乳腺会变成类似肺气肿的组织。扩张还能改变原先并不存在的结构模式，即导管内腺增生（带柄的除外），增生会呈明显的乳头状瘤样模式（在猫尤其如此）。小叶增生，包括炎性小叶增生，也会和扩张同时出现。

E. 纤维硬化（fibrosclerosis）（图 9 - 42）

我们没有发现相当于人的那种假肿瘤形式，但在犬的确见到过主要由纤维硬化组织构成的病灶。在犬，有时也可发现以小结节形式出现的纤维硬化性变化，即小叶增生、复合腺瘤和炎性结节。这些病例的硬化，会像卵巢里白体那样的模式或者增生的小结节，它们会全部或部分地由宽阔的玻璃样胶原物质条带所取代。这种现象可能代表一种退行性变化，或者完全瘢痕形成。

F. 雌性型乳腺（gynaecomastia）（公犬）

我们在公犬收集到的几个罕见病例，都有睾丸肿瘤，具有激素活性。材料如此少见，可能是取样时有选择的结果。

G. 其他非肿瘤性增生性病变（other non-neoplastic proliferatire lesions）

1. 非炎性小叶增生（noninflammatory lobular hyperplasia）（图 9 - 43 至图 9 - 46）

此类增生见于犬、猫。病灶或结节的组成，因占优势的是分泌上皮还是肌上皮而可能有很大差异。差异还可能来自导管和腺泡的扩张、硬化和分泌（这在其他方面都正常的非分泌乳腺尤其显著），而并无大量炎性细胞或明显化生。增生也可见于小叶局部或波及整个小叶或邻近的几个小叶。在后一种情况下，受害小叶可融合，不仅形成小结节，还会变为可以摸到的团块，往往无法与复合腺瘤相区别。

2. 炎性小叶增生（inflammatory lobular hyperplasia）（图 9 - 47、图 9 - 48）

在犬和猫，炎症型的病灶或小结节的组成，会因化生（黏液性、鳞状或瘤细胞性）、有色素的巨噬细胞、基质中的淋巴浆细胞浸润以及小管腔的粒细胞而有更大的差异。除了这些特征外，还可见到上述单纯增生的那些病变。由于同时存在小叶增生和明显的炎性细胞浸润，还有细胞方面的变化，因此我们将其暂定为"炎性结节"。

（朱宣人译，李建堂、陈万芳校）

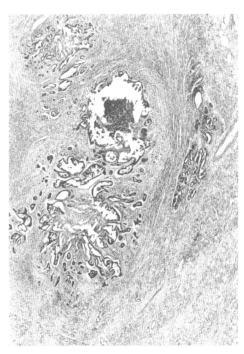

图 9-1　小管性腺癌，单纯型，部分为
乳头状，呈"小叶"排列（犬）

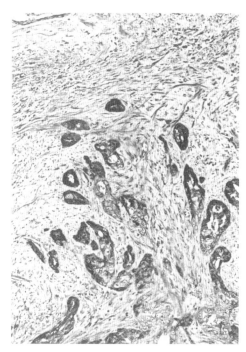

图 9-2　小管性腺癌，单纯型，低分化，
有大量细胞性基质（犬）

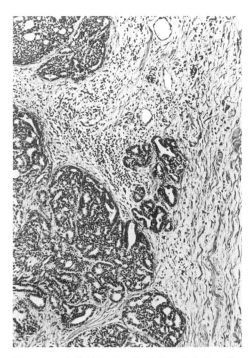

图 9-3　小管性腺癌，单纯型，高分化（猫）

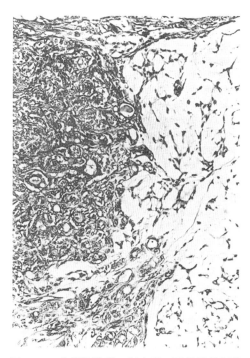

图 9-4　小管性腺癌，复合型，可见星状细胞
（肌上皮细胞）和黏液样细胞间质（犬）

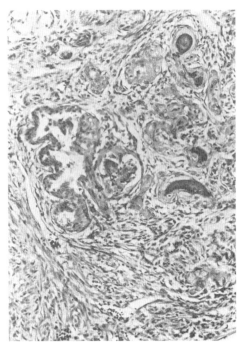

图 9-5　小管性腺癌，复合型，鳞状化生，
　　　　暗色灶为角蛋白（犬）

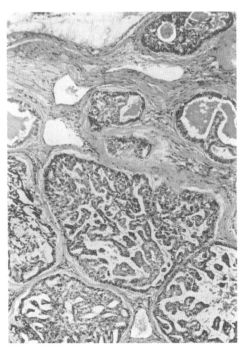

图 9-6　乳头状腺癌，单纯型（犬）

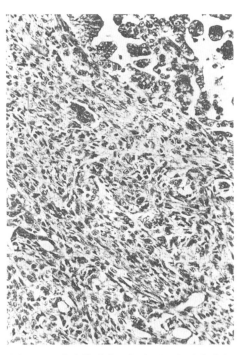

图 9-7　乳头状腺癌，复合型，主要为致密
　　　　的梭形细胞（肌上皮细胞）区（猫）

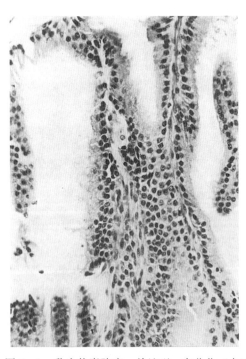

图 9-8　乳头状囊腺癌，单纯型，高分化（犬）

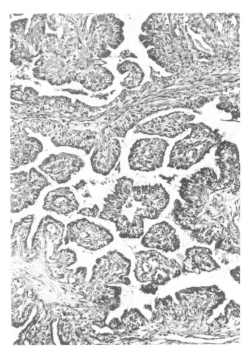

图9-9　乳头状囊腺癌，复合型，高分化（犬）

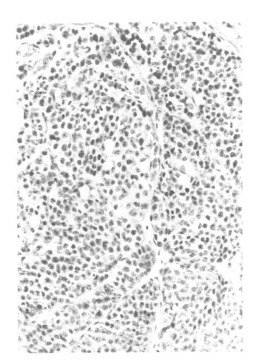

图9-10　实性癌，单纯型，有些呈空泡状的
　　　　细胞主要是水肿的细胞（犬）

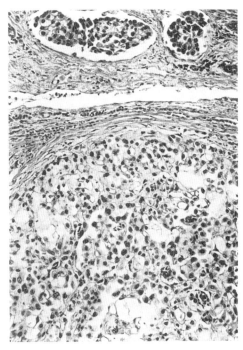

图9-11　实性癌，单纯型，透明细胞亚型，
　　　　附近淋巴管中有肿瘤细胞（犬）

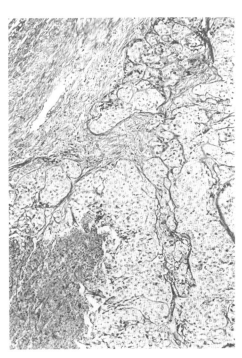

图9-12　实性癌，单纯型，髓样外观，无淋
　　　　巴细胞浸润，有许多透明细胞（猫）

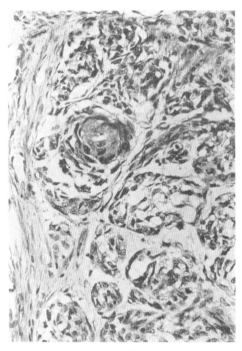

图 9-13　实性癌，复合型，由梭形细胞组
　　　　成的实性团块，有些细胞有空泡
　　　　并呈星状，小管很少（犬）

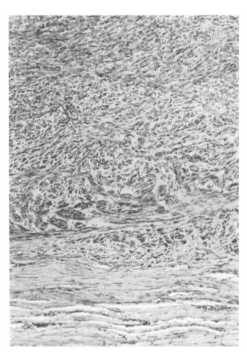

图 9-14　梭形细胞癌，单纯型，似纤维肉瘤，
　　　　癌的性质由网状纤维染色确定（犬）

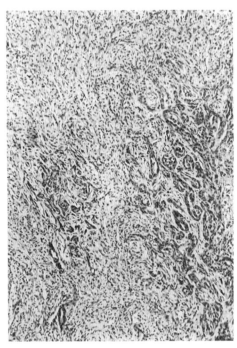

图 9-15　梭形细胞癌，复合型，有一些
　　　　小管（犬）

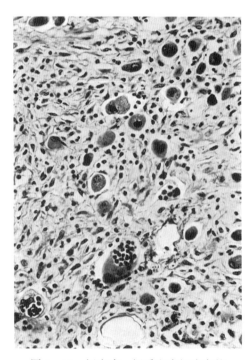

图 9-16　间变癌，间质和瘤细胞中的
　　　　粒细胞（犬）

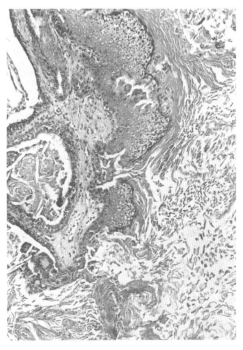

图 9-17　鳞状细胞癌，腺体部分和
广泛角化（犬）

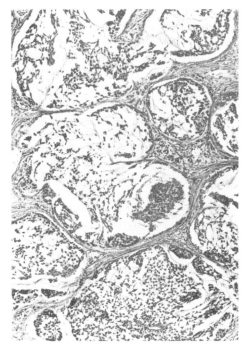

图 9-18　黏液癌，星状癌细胞（肌上皮细胞）
内及细胞间有多少不等的黏蛋白（犬）

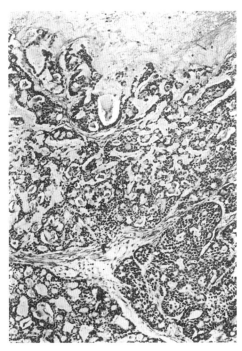

图 9-19　腺样囊型黏液癌（猫）

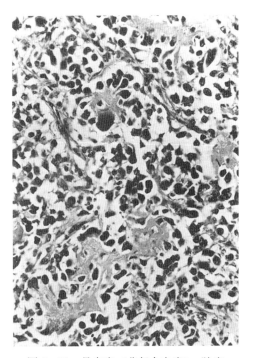

图 9-20　骨肉瘤（非复合肉瘤），肿瘤
细胞形成类骨质（犬）

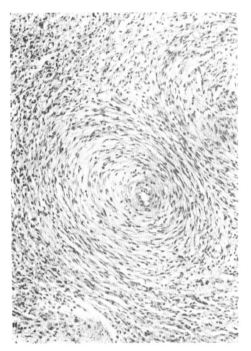

图 9-21　纤维肉瘤，在一个小血管周围呈
向心性生长的瘤细胞（犬）

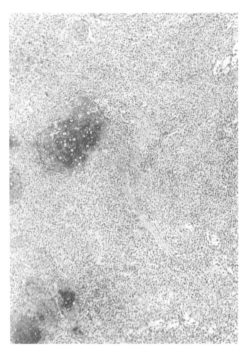

图 9-22　复合肉瘤（骨软骨肉瘤），由
梭形肿瘤细胞直接形成的类
骨质和软骨（犬）

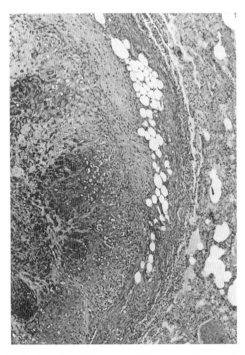

图 9-23　复合肉瘤（纤维-脂肪-骨软骨肉瘤），
具有高分化成分的肺转移瘤（犬）

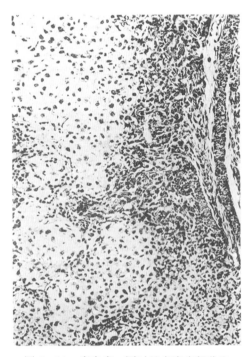

图 9-24　癌肉瘤，同时具有癌瘤部分和
软骨肉瘤部分（犬）

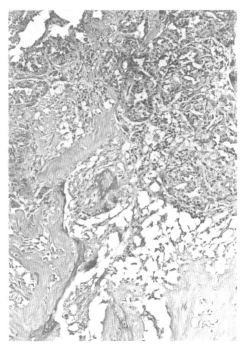

图 9 - 25 癌肉瘤，肿瘤性上皮、骨和
脂肪（犬）

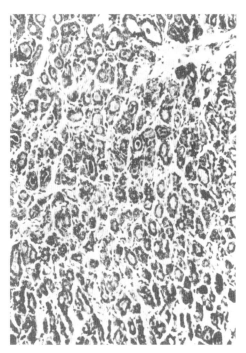

图 9 - 26 单纯腺瘤（犬）

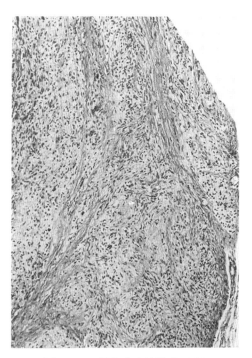

图 9 - 27 肌上皮实性腺瘤（犬）

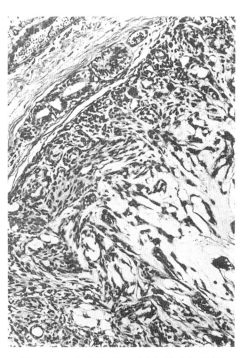

图 9 - 28 复合腺瘤，星状细胞和细胞间
黏液样物质（犬）

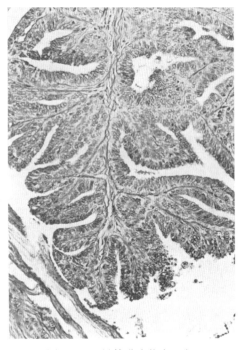

图 9-29 导管乳头状瘤（犬）

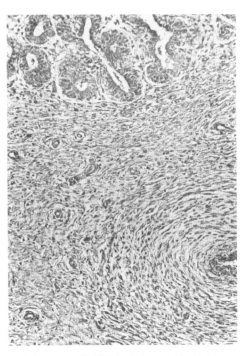

图 9-30 管周纤维腺瘤，以梭形细胞（肌上皮细胞）和/或间质过度生长为主（犬）

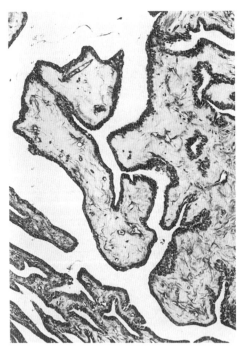

图 9-31 管内纤维腺瘤（犬）

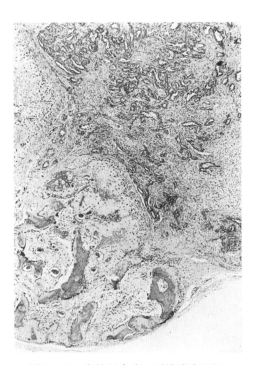

图 9-32 良性混合瘤，纤维腺瘤组织、软骨和骨（犬）

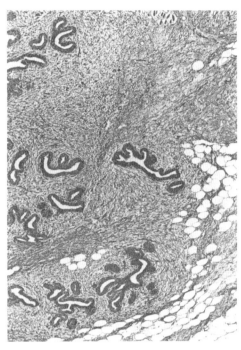

图 9-33　全纤维腺瘤变化（猫）

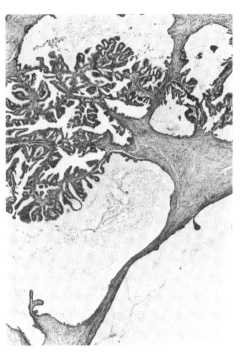

图 9-34　乳头状囊肿（猫）

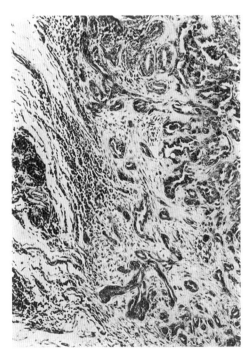

图 9-35　腺病，硬化性，似恶性浸润生长，
是图 9-48 的局部（犬）

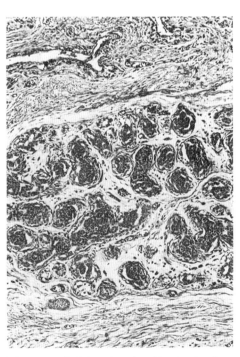

图 9-36　小叶内和小叶内导管呈规则的典型
上皮增生（"上皮增生"）（犬）

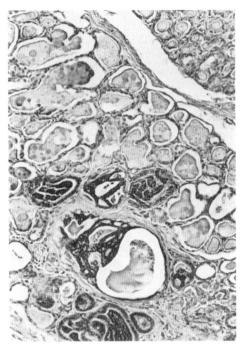

图 9-37　规则的典型上皮增生，泌乳
　　　　　小叶中的"壁上皮增生"（犬）

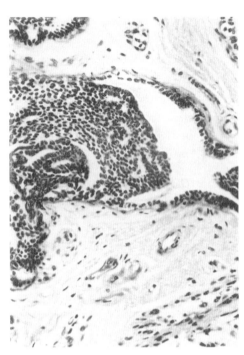

图 9-38　小导管内规则的典型上皮增生，部
　　　　　分为实体，部分为管状（犬）

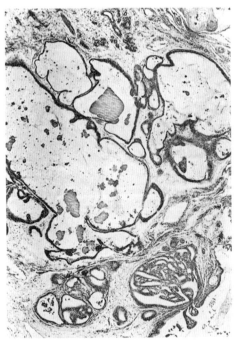

图 9-39　导管扩张与规则的乳头状
　　　　　上皮增生（犬）

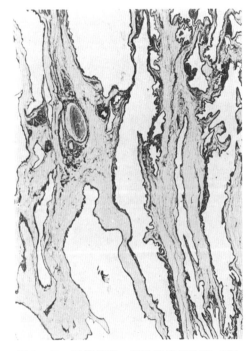

图 9-40　导管扩张，严重海绵状乳腺（猫）

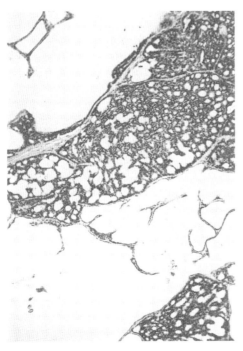

图 9-41　导管扩张，腺瘤样增生伴导管和
　　　　　腺泡扩张（猫）

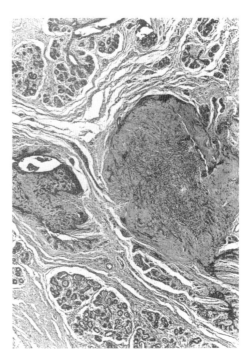

图 9-42　纤维硬化，原导管和小叶内及
　　　　　周围的灶状纤维组织增生（犬）

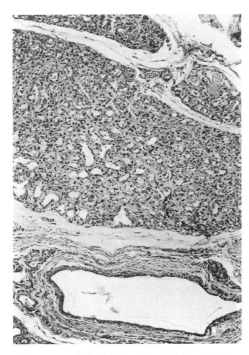

图 9-43　非炎性单纯型小叶增生，管腔内
　　　　　有分泌物（犬）

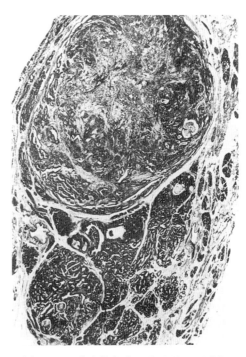

图 9-44　非炎性复合型小叶增生，同位
　　　　　生长并可转变为复合腺瘤（犬）

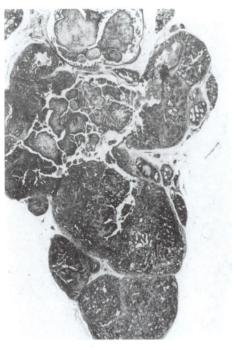

图 9-45　非炎性复合型小叶增生，可演变
　　　　　为良性混合瘤（犬）

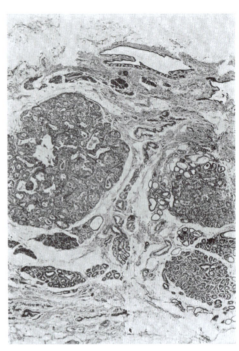

图 9-46　非炎性小叶增生，增大的小叶显示
　　　　　伴有腺泡扩张的复合型增生（猫）

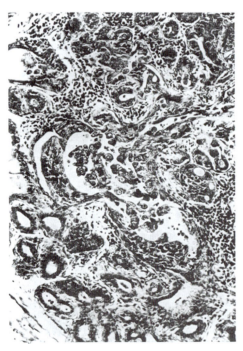

图 9-47　炎性小叶增生（犬）

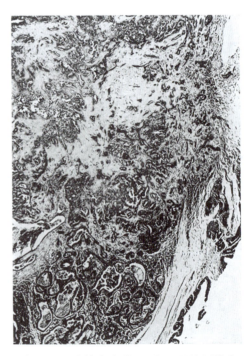

图 9-48　炎性小叶增生，提示灶性纤维化
　　　　　腺病或早期癌的可能（犬）

第十章　眼和附器肿瘤

C. H. Kircher，F. M. Garner 和 F. R. Robinson

眼睑、结膜和角膜的上皮肿瘤中，大多数类型都可在各种家畜见到，其中最为常见的类型是牛鳞状细胞癌。虹膜睫状体的上皮肿瘤和恶性黑色素瘤是最重要的眼肿瘤。本章就下列肿瘤的组织学特征做了描述：眼睑、结膜和角膜的上皮肿瘤，间叶（眼外、视神经和神经鞘以及葡萄膜）肿瘤，神经外胚层肿瘤，以及眼睑、结膜和葡萄膜的黑色素肿瘤。

这一分类是在研究了美国武装部队病理学研究所（AFIP）存档的大约 300 例家畜眼肿瘤的基础上做出的。

眼睑、结膜和角膜的上皮肿瘤和瘤样病变中，大多数类型可见于各种家畜。AFIP 收藏的基底细胞瘤、皮脂腺瘤和乳头状瘤都是犬和牛的，但基底细胞瘤在猫、乳头状瘤在马已有过报道。鳞状细胞癌见于牛、马、羊和犬，据报道也曾在猪和猫发现过。表皮斑仅见于牛。眼皮样囊肿发生于牛和犬，但据报道也见于绵羊和马。

牛鳞状细胞癌、表皮斑和乳头状瘤是家畜最普通的眼肿瘤，从经济观点看，它们也最重要。在美国，这些肿瘤主要见于海福特牛，其他品种很少见到；但在非洲、亚洲和欧洲，其他品种的牛也常发生。这些肿瘤的发生与眼眶周围皮肤的着色程度和强烈日光的长期照射有关。也有证据表明，这种肿瘤的易发性是有其遗传学基础的。有些报道指出，这些肿瘤大多发生在眼的内侧缘或外侧缘，其余则是从眼结膜、瞬膜和眼睑皮肤发生的。在其他家畜，这种肿瘤的发生率要低得多。

在 AFIP 收藏的材料中，曾见到过犬和马的眼外间叶肿瘤。纤维组织和外周神经的肿瘤在马较为常见。组织细胞瘤以及肌肉和血管的肿瘤只见于犬。肥大细胞瘤是在犬发现的，据报道也见于马。

脑膜瘤和网状细胞增生症只在犬见到过少数病例。眼内血管瘤和平滑肌瘤只在犬分别见到过 1 例。眼睑和结膜的黑色素瘤是在犬和马发现的。

虹膜睫状体上皮肿瘤和恶性黑色素瘤是家畜最重要的眼内肿瘤。前者只在犬研究过，而后者则在犬和猫都研究过。这些肿瘤在其他家畜都很少见。

视网膜母细胞瘤（retinoblastoma）、髓上皮瘤（视网膜胚瘤）（medulloepithelioma，diktyoma）和畸胎样髓上皮瘤（teratoid medulloepithelioma）的确证病例在家畜还未见报道。

眼和附器肿瘤的组织学分类和命名

Ⅰ. 眼睑、结膜和角膜的上
　皮肿瘤和瘤样病变

　A. 基底细胞瘤

B. 鳞状细胞癌

C. 皮脂腺瘤

D. 乳头状瘤

E. 表皮斑

F. 眼皮样囊肿

G. 表皮样和皮样囊肿

Ⅱ. 间叶肿瘤

A. 眼外

1. 纤维组织肿瘤

　（a）纤维瘤

　（b）纤维肉瘤

　（c）马类肉瘤

2. 肌肉肿瘤

　（a）横纹肌肉瘤

3. 血管肿瘤

　（a）血管瘤

　（b）血管肉瘤

4. 外周神经间叶肿瘤

　（a）神经周纤维母细胞瘤

　（b）神经纤维肉瘤

5. 肥大细胞瘤

6. 犬组织细胞瘤

B. 视神经和神经鞘

1. 脑膜瘤

2. 网状细胞增生症

C. 葡萄膜

1. 血管瘤

2. 平滑肌瘤

Ⅲ. 神经外胚层肿瘤

A. 虹膜睫状体上皮

1. 腺瘤

2. 腺癌

B. 其他

1. 星形细胞瘤

Ⅳ. 黑色素生成性肿瘤

A. 眼睑和结膜

1. 良性黑色素瘤

2. 恶性黑色素瘤

B. 葡萄膜

1. 良性黑色素瘤

2. 恶性黑色素瘤

　（a）梭形细胞型

　（b）上皮样细胞型

　（c）混合细胞型

Ⅴ. 继发性肿瘤

Ⅵ. 未分类肿瘤

肿瘤的描述

Ⅰ. 眼睑、结膜和角膜的上皮肿瘤和瘤样病变

基底细胞瘤（A）、皮脂腺瘤（C）、表皮样和皮样囊肿（G），其形态特征与皮肤的大体相同，详见第七章皮肤肿瘤，这里不再赘述。

B. 鳞状细胞癌（squamous cell carcinoma）（图 10 - 1）

眼或眼睑的鳞状细胞癌与皮肤的相似，并且各种家畜在形态学上也没有差异。它们的分化程度或高或低，也可能有各种分化的区域。高分化的肿瘤，细胞都呈大的多边形，类似于皮肤棘层细胞，有细胞间桥，通常会有同心排列的角质层（"上皮珠"）。低分化的肿瘤，其间变程度高，细胞小而深染，不发生角化。

累及角膜或球结膜的鳞状细胞癌可使眼受到侵犯。发生于睑结膜、眼睑皮肤或瞬膜的肿瘤，到疾病晚期，常可经由淋巴管向远处转移。

D. 乳头状瘤（papilloma）

肿瘤有许多乳头状突起，其中心为结缔组织轴，覆以增生的上皮。上皮过度角化。

E. 表皮斑（epidermal plaque）（图 10 - 2）

由增厚的上皮构成，以棘皮症和过度角化为特征。表面不呈乳头状，但可见假表皮瘤样增生和表皮下炎症。

在牛，早期鳞状细胞癌可从乳头状瘤基部和表皮斑发生。通常在基底层的细胞巢，可见细胞核深染、有丝分裂象增多、细胞多形和极性消失。肿瘤细胞可侵犯紧邻的表皮下组织。

F. 眼皮样囊肿（ocular dermoid）（图 10-3）

这是一种从结膜缘发生的非囊性发育畸形，像是在致密胶原结缔组织中，含有复层鳞状角化上皮、毛囊和附属腺的皮肤。

Ⅱ. 间叶肿瘤

A. 眼外（extraocular）

眼外间叶肿瘤，其形态与第八章软（间叶）组织肿瘤所描述的相同。

B. 视神经和神经鞘（optic nerve and nerve sheath）

脑膜瘤和网状细胞增生症，已在第五章神经系统肿瘤中做了描述并示以图片。

C. 葡萄膜（uveal tract）

1. 血管瘤（haemangioma）

由大量的血管腔隙组成，腔隙衬以成熟的内皮细胞，其间以疏松的胶原基质分隔。

2. 平滑肌瘤（leiomyoma）

肿瘤中密集的梭形细胞都按长波浪形或螺纹状排列。核长，两边平行，两端钝圆，内有细微的染色质点彩。有一个报道是关于犬的，其有丝分裂象和坏死表明肿瘤为恶性。

Ⅲ. 神经外胚层肿瘤

A. 虹膜睫状体上皮（iridociliary epithelium）

1. 腺瘤（adenoma）（图 10-4 至图 10-6）

此瘤来源于成熟并分化了的睫状体上皮或虹膜上皮。瘤细胞分化良好，呈立方状、柱状或略带梭形。核圆，小或中等大小，染色质呈颗粒状，有一个核仁。有丝分裂象不常见。沉着的色素都是大颗粒黑色素，多少不一，有些则没有色素。基质中有正常的或色素很重的黑色素细胞或噬黑色素细胞。肿瘤可扩延至虹膜或睫状体的基质，也会向虹膜角浸润，但不一定是恶性的表现。肿瘤可形成乳头状或管状结构，这些结构可能密集，基质少；也可形成疏松的网状结构，内含大量黏液样基质。肿瘤的某些部分可形成实性细胞片，其中基质很少。

2. 腺癌（adenocarcinoma）（图 10-7、图 10-8）

此瘤来源于成熟而分化了的虹膜睫状体上皮。细胞数量差异明显，有丝分裂象较多，有一定侵袭性。瘤细胞具有多形性，呈梭形、多边形或柱状。肿瘤可形成实性细胞片、腺体样结构和乳头状结构。瘤细胞的色素沉着有多有少。基质通常精细，其中可能有正常的色素细胞。大的肿瘤中含有出血和坏死区。这种肿瘤对局部组织有破坏性，但几乎不转移。

B. 其他（other）

星形细胞瘤很少见，其形态与中枢神经系统的相同，在第五章神经系统肿瘤中已做了描述并示以图片。

Ⅳ. 黑色素生成性肿瘤

A. 眼睑和结膜（eyelids and conjunctiva）

眼睑和结膜的良性和恶性黑色素瘤在形态上与皮肤的没有区别，在第七章皮肤肿瘤中已做了描述。

B. 葡萄膜（uveal tract）

1. 良性黑色素瘤（benign melanoma）

葡萄膜的良性黑色素瘤见于人，但家畜尚未发现。然而，一些正常黑色素细胞的积聚物可能被误认为是肿瘤。多种家畜的眼筛板中正常就存在许多黑色素细胞。黑体（有色素的虹膜上皮细胞的聚集物），位于瞳孔的背缘，它在马比在反刍动物中明显。

2. 恶性黑色素瘤（malignant melanoma）

这是一类由恶性黑色素细胞构成的肿瘤，在细胞组成和色素沉着程度上都有明显差异。细胞类型变化很大，从梭形细胞 A 型和 B 型到上皮样细胞型不等。大多数肿瘤都是这些细胞类型的混合物。凡是含有 A 和 B 两种细胞类型的梭形细胞黑色素瘤，称为梭形细胞 B 型。凡是含有明显梭形细胞和上皮样细胞的，则称为混合细胞型，其在家畜最常见。在人，恶性黑色素瘤的细胞类型具有预后价值：梭形细胞型的预后良好，而上皮样细胞型的预后不好，混合细胞型的预后居中。但家畜的恶性黑色素瘤还不能在细胞类型与预后之间建立这种相关性。

（a）梭形细胞型（spindle cell type）（图 10 - 9）

瘤细胞有两种：一种是瘦长的梭形细胞，核呈扁卵圆形、无核仁（梭形细胞 A 型）；另一种是矮胖的细胞，核呈较大的卵圆形，核仁明显（梭形细胞 B 型）。梭形细胞 B 型肿瘤较为常见。有丝分裂象一般较少，色素多少不定。肿瘤细胞呈一种紧密结合的生长模式。

在束状梭形细胞瘤中，细胞和胞核呈栅栏状排列，就像在神经周纤维母细胞瘤所看到的那样。

（b）上皮样细胞型（epithelioid cell type）（图 10 - 10）

肿瘤细胞比梭形细胞大得多，呈多面形或略呈梭形，有中等量至大量嗜酸性胞质，有时胞质膜不明显。胞核大，圆形或不规则，核仁比较明显，有丝分裂活性比梭形细胞型的大些。瘤细胞之间不像梭形细胞瘤那样结合紧密。

少数上皮样细胞型肿瘤，其细胞较小，也较一致，胞质少，核小而圆，核仁不明显，有丝分裂象罕见。

（c）混合细胞型（mixed-cell type）（图 10 - 11、图 10 - 12）

肿瘤由不同比例的梭形细胞和上皮样细胞组成。

Ⅴ. 继发性肿瘤

淋巴肉瘤是眼和眼眶最重要的转移性肿瘤。据报道，转移到眼的其他肿瘤很少或是个别的。

Ⅵ. 未分类肿瘤

（王衡译，陈怀涛、朱宣人校）

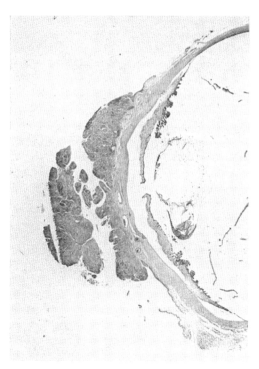

图 10-1　角膜鳞状细胞癌（牛）（AFIP 提供
照片底片，No. 74-3988）

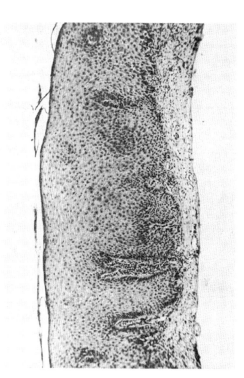

图 10-2　结膜表皮斑（牛）（AFIP 提供
照片底片，No. 72-6037）

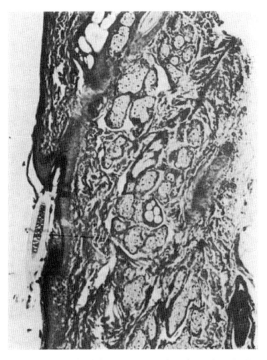

图 10-3　眼皮样囊肿（犬）（美国康涅狄格大学）

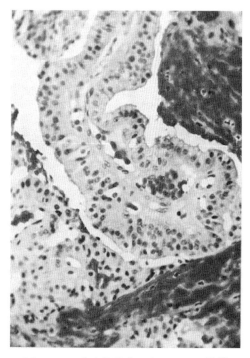

图 10-4　乳头状腺瘤（犬）（AFIP 提供
照片底片，No. 72-5753）

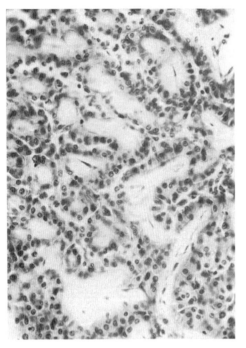

图 10 - 5　管状腺瘤（犬）（AFIP 提供
照片底片，No. 72-5740）

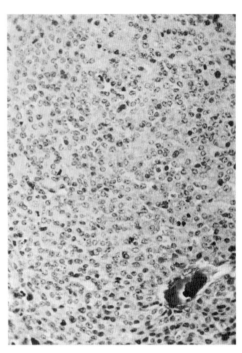

图 10 - 6　实性腺瘤（犬）（AFIP 提供照片底片，
No. 72-5759）

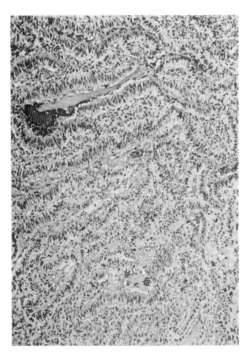

图 10 - 7　腺癌（犬）（AFIP 提供照片底片，
No. 72-3806）

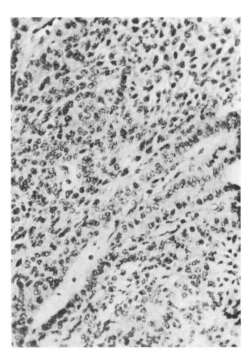

图 10 - 8　腺癌（犬）（AFIP 提供照片底片，
No. 72-5974）

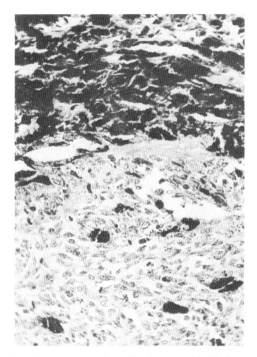

图 10-9　恶性黑色素瘤，梭形细胞 B 型（犬）
（AFIP 提供照片底片，No. 55-16541）

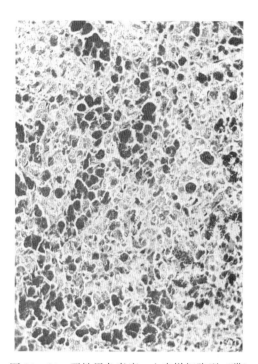

图 10-10　恶性黑色素瘤，上皮样细胞型（猫）
（AFIP 提供照片底片，No. 73-8108）

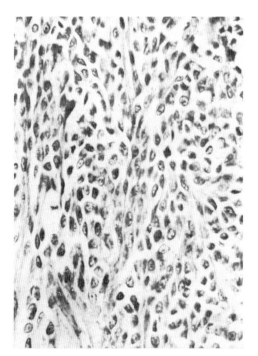

图 10-11　恶性黑色素瘤，混合细胞型，主要为
梭形细胞（犬）（美国康涅狄格大学）

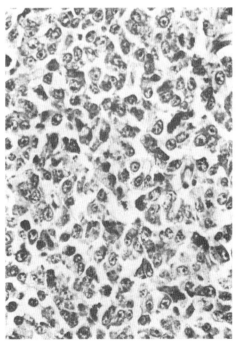

图 10-12　恶性黑色素瘤，混合细胞型，主要
为上皮样细胞（犬）（美国康涅狄
格大学）

第十一章　上消化道肿瘤

K. W. Head

家畜口咽部的肿瘤，在世界上大部分地区都是常见的。但上消化道的鳞状细胞癌，其发生率随地域不同而存在差异，在不同种类的家畜其发生部位也有所不同。口腔的黑色素生成系统肿瘤在犬比在人更为常见。下列主要组织学类别同人肿瘤的分类大体上是一致的：乳头状瘤、鳞状细胞癌、唾液腺肿瘤、恶性黑色素瘤、软（间叶）组织肿瘤、面骨肿瘤、造血和相关组织肿瘤、牙源性肿瘤、颌囊肿。乳头状瘤、鳞状细胞癌、恶性黑色素瘤、纤维瘤和纤维肉瘤约占家畜上消化道肿瘤的 80%。

本分类所说的上消化道是指衬以鳞状上皮的那一部分，它止于腺黏膜的地方，在犬和猫，它是食管的终点；在马和猪，是胃里较大的食管区；在反刍动物，是腺胃之前的瘤胃、网胃和瓣胃三个前胃（图 11-1）。这样处理是为了简化不同类型肿瘤的描述。消化道不同部位的肿瘤，其组织学模式虽然可能相似，但并不意味着它们有相同的病因。家畜消化道的各类肿瘤，在明确病因之前，必须同时记录其组织学类型和在消化道的部位。这些记录的积累，已开始表明在流行上具有地理上的差异，例如犬的扁桃体癌可能与当地环境因素有关。对某些肿瘤，如西班牙长耳犬的成釉细胞瘤，也可能有品种易感性。最后，在任何一个部位的某些特定类型的肿瘤，其流行时间也可能有差异，这可能由于某一品种受欢迎的程度发生变化或是环境发生变更的结果。

本分类是在研究了近 700 个病例的基础上做出的，检查的材料主要是来自爱丁堡，其他材料是由各方面赠送的。它并不包括可能发生的全部肿瘤类型，而只是个人见到的或文献报道的病例记录。如发现附表中没有列入所见到的肿瘤，不应归类到"未分类肿瘤"中，而应参考世界卫生组织公布的《肿瘤国际组织学分类》，看人是否有类似的肿瘤。

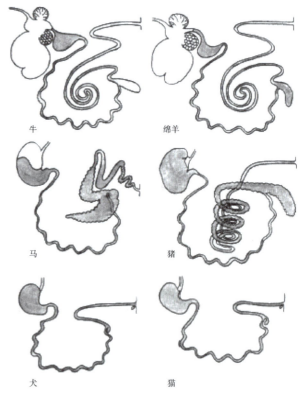

图 11-1　家畜消化道示意图。白色部分被覆复层鳞状上皮，暗色部分被覆腺上皮

由于任何一类肿瘤的例数都较少，因此在每一大类里不可能进行更细的分类，即使对较大的类

型，也无把握区分肿瘤的级别和阶段。不过我们鼓励每一个肿瘤工作者能提出设计并发布这种评估系统。组织学分级的依据是胞质的非典型性，核分裂的数目和不规则程度，以及核非典型性的程度；临床阶段是指可能存在的局部扩大和转移的程度。

需要强调的是，本章讨论的都是发生在黏膜皮肤结合处以后部位的肿瘤，因此不包括唇部有毛皮肤的肿瘤。口腔肿瘤的分类比较困难，特别是牙龈发生的肿瘤，因为在口部发育期间和之后，在上皮结构、软（间叶）组织结构以及骨和软骨之间都有不少关系。并且，鼻腔和鼻旁窦的原发性肿瘤也可能首先出现在口腔。因此这一分类中的部分肿瘤列入本书的其他章节，读者可参考那些肿瘤的图解和详细描述。

有人曾试图查明那些见于马、牛、绵羊、猪、犬和猫的各种肿瘤的发生率。引人注意的是，上消化道肿瘤在猪极为少见。这不仅仅是因为大多数猪是在 6 月龄时屠宰的，下面描述的一些肿瘤就是在其他种类年轻家畜发现的。

上消化道肿瘤的组织学分类和命名

Ⅰ. 鳞状上皮肿瘤
　A. 乳头状瘤
　　1. 鳞状细胞乳头状瘤
　　2. 纤维乳头状瘤
　B. 鳞状细胞癌
Ⅱ. 唾液腺肿瘤
　A. 上皮肿瘤
　　1. 腺瘤
　　　（a）多形性腺瘤（混合瘤）
　　　（b）单一形腺瘤
　　2. 黏液表皮样瘤
　　3. 腺泡细胞瘤
　　4. 癌
　　　（a）腺癌
　　　（b）鳞状细胞癌
　　　（c）未分化癌
　　　（d）多形性腺瘤癌变（恶性混合瘤）
　B. 未分类肿瘤
　C. 瘤样病变
　　1. 唾液腺肿大
　　2. 涎囊肿（唾液黏液囊肿）
　　3. 导管增生
Ⅲ. 黑色素生成系统肿瘤
　A. 恶性黑色素瘤
　　1. 上皮样型
　　2. 梭形细胞型
　　3. 上皮样/梭形细胞型

Ⅳ. 软（间叶）组织肿瘤
　A. 纤维组织肿瘤和瘤样病变
　　1. 纤维瘤
　　2. 纤维肉瘤
　　3. 纤维瘤性和骨化性龈瘤
　　4. 外周性巨细胞肉芽肿（巨细胞龈瘤）
　B. 肌肉组织肿瘤
　　1. 平滑肌瘤
　　2. 平滑肌肉瘤
　　3. 横纹肌瘤
　　4. 横纹肌肉瘤
　C. 血管肿瘤和瘤样病变
　　1. 血管瘤
　　　（a）毛细血管瘤
　　　（b）海绵状血管瘤
　　2. 恶性血管内皮瘤（血管肉瘤）
　D. 外周神经肿瘤
　　1. 神经鞘瘤（施万细胞瘤）
　　2. 神经纤维瘤
　　3. 神经纤维肉瘤
　E. 犬的同狼尾旋线虫有关的肉瘤
　F. 颗粒细胞瘤
Ⅴ. 上颌骨和下颌骨肿瘤
　A. 骨形成肿瘤
　　1. 骨瘤
　　2. 骨肉瘤
　B. 软骨形成肿瘤

　　　　1. 软骨肉瘤
　　C. 瘤样病变
　　　　1. 纤维结构发育不良
　　　　2. 颅颌骨骨病
Ⅵ. 造血和相关组织肿瘤
　　A. 淋巴肿瘤
　　B. 肥大细胞瘤
Ⅶ. 牙源性肿瘤和颌囊肿
　　A. 同牙源性器官相关的肿瘤
　　　　1. 成釉细胞瘤（釉质瘤）
　　　　2. 钙化牙源性上皮瘤

　　　　3. 成釉细胞纤维瘤
　　　　4. 牙成釉细胞瘤
　　　　5. 复合牙瘤
　　　　6. 组合牙瘤
　　　　7. 黏液瘤（牙源性黏液瘤）
　　　　8. 恶性成釉细胞瘤
　　　　9. 原发性骨内癌
　　B. 上皮性囊肿
　　　　1. 牙源性
　　　　　　（a）含牙（滤泡）囊肿
Ⅷ. 未分类肿瘤

肿瘤的描述

Ⅰ. 鳞状上皮肿瘤

A. 乳头状瘤（papilloma）

1. 鳞状细胞乳头状瘤（squamous cell papilloma）（图 11-2、图 11-3）

这种肿瘤见于 3 岁以下的牛和犬，是乳头状瘤病毒诱发棘细胞层增生的结果，可见到核分裂象。随着细胞团块的增多，会形成由分支结缔组织构成的芯子，同时表层（即最老的）上皮开始角化。后期在肿瘤自发性退化消失前，可见到"透明大疣细胞"（水肿变性的角化细胞）、嗜酸性胞质包涵体和嗜碱性核内包涵体。肿瘤常呈多发性，其直径很少超过 1cm。最常见于口腔，在犬很少扩及咽和食道，但较常见于牛的食道，而口咽部多无病变。当病变受到硬组织阻碍时，它可按无蒂方式生长，甚至一部分埋在周围结缔组织中。这类肿瘤的发生率随地理区域不同以及同一地区的时间不同而有差异。

鳞状细胞乳头状瘤见于年轻马的黏膜皮肤结合处，但从不见于口腔。在老年马，口腔和食道偶尔可发生鳞状细胞乳头状瘤，但细胞不表现气球样变性。有时老年犬口腔也会出现类似的病变。在猫和猪，食道中偶见多发性乳头状瘤病变，但没有与慢性炎症有关的气球样细胞。它们是否为病毒性乳头状瘤，还值得怀疑。

2. 纤维乳头状瘤（fibropapilloma）（图 11-4、图 11-5）

这种肿瘤见于 3 岁以下的牛和 3 岁以上的绵羊，可出现表面光滑的结节状团块，其直径为 1～20cm 及以上。组织学上，与鳞状细胞乳头状瘤的上皮成分相似，但分支复杂，并有融合的网钉。病变主要是由许多肥胖的成纤维细胞条带构成的，并且在其深部表层通常有一个由纤维组织形成的明显受压的囊。凡是有蒂的，这种纤维组织通常水肿。在牛，此瘤可见于唇到前胃的任何部位，但在绵羊只见于瘤胃。不论牛或羊，瘤胃柱是最常受到累及的部位。虽然这种肿瘤也可能是多发性的，但数目不及鳞状细胞乳头状瘤。对于这些乳头状瘤的发生经历知之甚少，但在这种病变中发生鳞状细胞癌的事例是存在的。此瘤的流行情况可能存在地域上的差异，但凭屠宰场的肉品检验记录不能充分说明这一问题，因为有些国家并不食用食道和前胃，因此可能不予检验。

B. 鳞状细胞癌（squamous cell carcinoma）

此瘤的细胞学类型详见第七章皮肤肿瘤。

　　这种恶性肿瘤通常为单发，但范围可能较大。虽然它们可高出黏膜表面，但也常见入侵下面的结缔组织，并沿淋巴管、毛细血管和小静脉浸润，因为肿瘤可穿透深面不完整的受压性薄囊。同入侵的肿瘤条索成直角的肌肉层可限制入侵性生长，但那些同入侵线路平行的肌束有时则会被入侵，例如猫的舌和牛的瘤胃。龈部肿瘤常可侵犯骨组织并使其溃烂。用适当染色常可发现深面那些圆形细胞都是肥大细胞、浆细胞和淋巴细胞。电镜检查厚 1 μm 并用甲苯胺蓝染色的切片，常可发现细胞间桥，而用光镜检查切片则无法观察到。肿瘤开始时常表现为蕈状生长，但后期其表面常发生火山口状溃疡，并易继发细菌感染和出现炎症变化。入侵的上皮细胞柱中心常呈变性变化（如气球样变、角化不全和坏死），造成假腺体外观，犬的扁桃体癌（tonsillar carcinoma）就是这样。表面常有继发性细菌感染，尤其是反刍动物，因此从取样到固定，稍有拖延就会发生明显的死后分解，出现同上述变性相似的变化，带来诊断困难。

　　家畜鳞状细胞癌尚无明确的分级标准。诚然，在不同肿瘤可见到不同程度的上皮珠、细胞角化和细胞间桥形成过程。同时，核分裂率也不同；核和细胞的多形性反映分化程度有高有低。可是，这些组织学的差异同生长模式和扩散之间的相关性对每种动物来说都还不太明确。

　　此瘤在 5 岁以上的犬比较普通，主要位于齿龈和扁桃体隐窝。在 5 岁以上的猫，最常见于舌，有时也会波及扁桃体，而舌和食道也是原发肿瘤常见的生长部位。在某些局部地区的牛和绵羊，这种肿瘤也比较常见。在牛，它能以单发或多发的形式出现在从口到瘤胃的任何部位。

Ⅱ. 唾液腺肿瘤

　　本分类是根据对 45 例唾液腺肿瘤的检查做出的。由于样本量这样少，大类之下就不能做进一步分类。这 45 个病例包括：犬 28 例，猫 7 例，牛 5 例，绵羊 3 例，马 2 例。见于 3 岁以下的只有 4 例：1 岁绵羊和 2 岁犬各 1 例，18 个月和 2 岁牛各 1 例。其余 27 只犬的平均年龄为 10 岁，7 只猫为 12 岁。有些证据表明，西班牙猎犬容易发生唾液腺肿瘤。这些肿瘤病例因出现临床症状都是生前检查出来的。在猪没有发现唾液腺肿瘤，过去的兽医文献也无记载。

　　与人的情况不同，在家畜，腺瘤不如恶性肿瘤常见，多形性腺瘤不是最常见的唾液腺肿瘤。从母犬经常出现乳腺肿瘤这一点看，这是不寻常的。人医方面报道的腺样囊性癌（adenoid cystic carcinoma），家畜也无报道。反之，腺泡细胞瘤（acinic cell tumours）在家畜比人更常见。此外，间叶肿瘤，据说构成儿童唾液腺肿瘤的 50% 也不见于家畜。

　　见于大唾液腺的肿瘤共 29 例（腮腺 18 例，颌下腺 9 例，舌下腺 2 例），小唾液腺的共 12 例（咽腺 4 例，舌腺 4 例，扁桃体腺 2 例，龈腺 1 例和喉腺 1 例）。

　　在诊断唾液腺肿瘤时，必须特别小心采集活检材料。猫的耵聍腺腺癌并不是不常见，并且可从外耳道向腮腺区浸润。同样，口咽部的鳞状细胞癌也可能波及邻近的唾液腺。大唾液腺出现血源性转移瘤的可能性也必须注意。

A. 上皮肿瘤（epithelial tumours）

1. 腺瘤（adenomas）

（a）多形性腺瘤（混合瘤）（pleomorphic adenoma，mixed tumour）（图 11-6 至图 11-9）

　　这种肿瘤是由上皮组织组成的，可表现为以下 3 种模式之一：常呈形状不规则的导管样结构；有细胞间桥，有时还有角化的鳞状细胞条片或团块；或呈嗜酸性多角形或梭形细胞片，据信它们就是肌上皮细胞。由于在这些肌上皮细胞间积聚多少不一的基质，因此细胞出现形态上的改变，这个区域就会出现黏液样或软骨样外观。这 3 种上皮模式可按不同的比例出现在不同区域。例如在本组材料中有 1 个病例，在取代了颌下腺的一堆骨针、脂肪和黏液样组织中，就没有导管样结构或鳞状上皮。因此，可能需要检查好几张切片，才能找到特别像平滑肌的梭形细胞区。

（b）单一形腺瘤（monomorphic adenoma）（图 11-10、图 11-11）

这一名词用于那些腺体模式规则的肿瘤，其中看不到类似肌上皮区域和改变了的基质。网硬蛋白*的银染色方法可用于显示腺体形态。

2. 黏液表皮样瘤（mucoepidermoid tumour）（图 11 - 12 至图 11 - 14）

分泌黏液的细胞可形成囊状结构，其周围可见具有细胞间桥的鳞状细胞团块，角蛋白罕见。这两种上皮的分化程度会有差异，必须记录清楚。可用过碘酸希夫反应（PAS）、阿尔兴蓝和黏蛋白卡红染色，以证实黏蛋白的存在。这些肿瘤具有局部侵袭性，也可转移。

3. 腺泡细胞瘤（aciniccel tumour）（图 11 - 15 至图 11 - 17）

这种肿瘤是由圆形或多边形细胞组成的细胞片或腺泡构成的，类似于唾液腺的浆液细胞。用某几种苏木精染色时，细胞质呈嗜碱性、颗粒状，但用黏蛋白染色并无阳性反应。有时可见到胞质透明、黏蛋白染色阴性的细胞，甚至肿瘤里的大部分细胞都是如此。腺泡应按分化程度区别为高度分化的、中度分化的和低度分化的。用银染法检查网硬蛋白有助于观察腺泡模式，以便将其同未分化癌鉴别。虽可发生中度的局部侵袭现象，但转移并不常见。

4. 癌（carcinomas）

（a）腺癌（adenocarcinoma）（图 11 - 18 至图 11 - 21）

此瘤的主要模式为上皮形成的小管结构，有时小管呈囊状和乳头状。因此，有乳头状腺癌和管状腺癌之分。可见黏液分泌上皮。细胞非典型性、有丝分裂活性及浸润性生长，在同一肿瘤内和不同肿瘤间，其程度差异很大。有趣的是，被检查的 7 例猫唾液腺肿瘤均为腺癌，其中 5 例发生在颌下腺。

（b）鳞状细胞癌（squamous cell carcinoma）

此瘤是由鳞状细胞索和岛组成的，有明显的细胞间桥或角蛋白。如能分泌黏液，便可列入黏液表皮样癌。有些肿瘤，必须用 PAS 或阿尔兴蓝染色才有可能鉴定。甚至有人怀疑此类肿瘤是否存在。在做出诊断前，必须排除从口咽部鳞状细胞癌入侵的可能性。

（c）未分化癌（undifferentiated carcinoma）

整个肿瘤都是由球形或梭形细胞组成的。细胞具有上皮特征，但分化程度太差，不能列入上述任何一种癌瘤。

（d）多形性腺瘤癌变（恶性混合瘤）（carcinoma in pleomorphic adenoma，malignant mixed tumour）（图 11 - 22）

在这一类肿瘤中，部分仍保留多形性腺瘤的模式，其余则会有上述任何一种癌的表现。因此，这一组织学类型之所以不同于其他类型，是由于有些区域呈非癌样模式。有 3 例在其原发性肿瘤中有明显的大片骨刺形成，另 1 例只在淋巴结的转移生长物中发现骨形成，而不见于原发性肿瘤的梭形"肌上皮细胞"中。这一观察结果可诊断为癌肉瘤（恶性混合瘤）。关于这方面以及如何使用"复合瘤"这一名称的讨论，见第九章乳腺肿瘤和发育不良。

B. 未分类肿瘤（unclassified tumours）

凡是不能列入上皮或非上皮肿瘤的都作为未分类肿瘤。这包括高度间变的肿瘤，其中有些可能来自唾液腺组织，但由于材料太少不足以确定其组织来源。还有一些发生死后分解而限制了诊断的准确性。活检材料或尸体组织不能及时固定，即可导致上皮细胞脱落入腺腔，从而带来一种实体肿瘤的假象。

C. 瘤样病变（tumour-like lesions）

1. 唾液腺肿大（sialosis）

这种非炎性、非肿瘤性状态可导致两侧唾液腺肿大。绵羊腮腺肿大是唯一见到的病例，是浆液性腺泡细胞肥大的结果，也可伴有间质水肿和导管萎缩。在人，它可变为唾液腺的脂肪过多症。

2. 涎囊肿（唾液黏液囊肿）（sialocoele，salivary mucocoele）

---

* 这是一种白蛋白样或硬蛋白物质，就像胶原蛋白是胶原纤维的主要蛋白质那样，它是网状纤维的主要蛋白质。——译者注

组织学检查可迅速确定这种病变不是肿瘤性的。尽管通常称为"唾液囊肿"，但这种单囊或多囊性病变很少具有完整的上皮衬里，不像分支囊肿。大部分的壁是肉芽组织，有时厚而丰富，几乎可充满病变的腔隙。这一反应能使"囊肿"腔中浓缩的唾液发生机化，矿化则可导致结石形成。另外，在旧"囊肿"壁中可见到骨形成。在犬，颈涎囊肿的最常见原因是舌下腺前部的导管破裂，因此应检查此腺体有无萎缩。这些病变在犬并不少见；80 个病例都是在爱丁堡检查的。

3. 导管增生（ductal hyperplasia）（图 11 - 23）

在 1 头 10 岁公牛的貌似正常的腮腺切片中，曾检查到一个导管增生小灶。

Ⅲ. 黑色素生成系统肿瘤

有关这方面的组织学类型的描述和图解详见第七章皮肤肿瘤。

A. 恶性黑色素瘤（malignant melanoma）

已转移与未转移的口腔黑色素肿瘤，在有丝分裂象的数量、色素沉着的程度和间变程度等方面，其差异并不是一直不变的，因此都被认为是恶性的。

肿瘤通常是单发的，但在组织学上，常可在其邻近的正常上皮组织中，找到表皮内的瘤细胞小巢。小肿瘤常似息肉，但在组织学上有侵袭性。大肿瘤通常顶部呈圆形，其中心发生溃疡。齿龈发生的肿瘤，会向深部组织广泛入侵，并且骨组织也有浸润和糜烂。

肿瘤细胞里通常色素很多，但着色程度有所不同，某些区域可能没有明显的色素。用麦生-丰太那（Masson-Fontana）染色，可将无明显色素的肿瘤同分化程度差的鳞状细胞癌鉴别开来。观察到基质中内含大量色素的巨噬细胞，可能有助于诊断，但光镜下似无色素的细胞，要用电镜才能发现细胞中的黑色素体*（melanosomes）。

这些肿瘤在老龄犬的齿龈、唇、颊、腭和舌部并不少见。作者还在 1 只猫的口腔和 1 只绵羊的下颌窦见到过此瘤。

在这种肿瘤的 4 种主要类型中，见于口腔的有 3 型，即上皮样型、梭形细胞型和上皮样/梭形细胞型。

Ⅳ. 软（间叶）组织肿瘤

A. 纤维组织肿瘤和瘤样病变（tumours and tumour-like lesions of fibrous tissue）

1. 纤维瘤（fibrona）

这是一种界限清楚的肿瘤，是由丰富的成熟胶原纤维结缔组织构成的。除猪外，偶见于其他家畜的口咽部。

2. 纤维肉瘤（fibrosarcoma）

这种有包囊的或向外浸润的肿瘤，在交织着的网硬蛋白和胶原束中，密集分布着比较一致的梭形细胞，有不少有丝分裂象。偶见于 6 种家畜的口咽部，在反刍动物的前胃则很少见。在有些地区的绵羊，其下颌窦或上颌窦里，常会出现单个的肿瘤。犬齿龈的纤维肉瘤在有些地区也很常见。

3. 纤维瘤性和骨化性龈瘤（fibromatous and ossifying epulis）（图 11 - 24 至图 11 - 26）

这是一种由上皮覆盖的胶原纤维组织团块。上皮似网钉向下生长，有分支和吻合。有时上皮瘤样增生非常明显，外表类似鳞状细胞癌，但网钉并不发生角化和增大。

在有些病变中，上皮类似成釉细胞瘤的牙源性上皮，但细胞索从来没有那样宽。不出现排列疏松的星状中心细胞，但偶尔可见到以上皮为衬里的囊肿。半数以上病例都有类骨刺或者甚至是成熟骨刺，这是纤维组织化生形成的。有些病例的纤维组织中有致密的透明胶原，而在另一些区域则有许多

---

  * 黑色素体是黑色素细胞合成黑色素的特定细胞器。黑色素细胞产生的色素颗粒，直径为 $0.2 \sim 0.6 \mu m$，一般呈卵圆形。——译者注

"活化的"毛细血管。这种化生骨可与下颌骨或上颌骨发生连接。这种化生骨中可能存在上皮成分，但不向颌骨入侵。

有些病理学权威认为，这些肿瘤是牙周膜通过牙源上皮细胞残余的增生而发生的。会有从纤维瘤性龈瘤到骨化性龈瘤一系列不同的病变。由于所处的位置，它们容易发生咬伤和继发细菌感染，故其中常出现浆细胞、淋巴细胞和中性粒细胞浸润。在纤维瘤性龈瘤，应考虑其病变是否仅仅是伴有牙垢的肉芽组织过度生长的结果。

局限性单个纤维瘤性龈瘤和骨化性龈瘤这两种类型都非常普通，可能是犬的齿龈上最常见的一种肿瘤，偶尔也见于牛、绵羊和猫。波及整个牙弓的广泛的多发性病变也可出现，尤其是拳狮犬，可能属于纤维瘤性或骨化性。据报告它在拳狮犬有家族性分布的现象。

4. 外周性巨细胞肉芽肿（巨细胞性龈瘤）（peripheral giant cell granuloma，giant cell epulis）（图 11-27）

这种瘤样病变的基质里血管很多，并有大量多核巨细胞和像巨细胞的单核细胞。这种齿龈病变很少见，但在犬、猫和牛都有过报道。

B. 肌肉组织肿瘤（tumours of muscle tissue）

报道的少数几例涉及上消化道平滑肌的肿瘤，都同犬食道的病变有关。

1. 平滑肌瘤（leiomyoma）

这种良性肿瘤由方向不同的平滑肌细胞束组成，细胞大小均一，分化良好。肿瘤的胶原含量不等，也可能多于平滑肌成分。

2. 平滑肌肉瘤（leiomyosarcoma）

这种恶性肿瘤与平滑肌瘤的区别是细胞数量多，易形成巨细胞，典型和非典型核分裂象数量多。

3. 横纹肌瘤（rhabdomyoma）

这种良性肿瘤由多边形细胞组成，胞质嗜酸性明显，呈颗粒状，有时空泡化。一定要见到细胞内具有横纹的肌原纤维，为此可能需要用麦生（Masson）三色或磷钨酸苏木精染色法。

4. 横纹肌肉瘤（rhabdomyosarcoma）

这种恶性肿瘤可根据其细胞多形性同横纹肌瘤相区别。细胞形状不一，可呈圆形、条带状到球拍形。后一种形状的细胞为单核，但其他可能为多核。横纹不易发现。横纹肌瘤和横纹肌肉瘤偶尔见于家畜的上消化道，如犬的咽部。

C. 血管肿瘤和瘤样病变（tumours and tumour-like lesions of blood vessels）

1. 血管瘤（haemangioma）

这是一种无包膜的但都是血管的良性增生。这种肿瘤不易同血管畸形区分开来。

（a）毛细血管瘤（capillary haemangioma）

那些大小如毛细血管的血管被覆单层内皮细胞。有些区域是由并不排列成血管的内皮细胞团块组成的（良性血管内皮瘤型）。

（b）海绵状血管瘤（cavernous haemangioma）

这与上述类型肿瘤的区别是血管管腔大小不均，胶原结缔组织基质含量多。

2. 恶性血管内皮瘤（血管肉瘤）（malignant haemangioendothelioma，haemangiosarcoma）

区别这种恶性肿瘤与具有血管内皮瘤区域的毛细血管瘤的组织学标准是：血管大小和形状都不规则；有些区域有一层以上的内皮衬里细胞；内皮细胞具有多形性，而且有变大和出现更多有丝分裂象的倾向。

上述良性和恶性血管瘤偶见于犬和猫的口腔，常会累及齿龈、腭或舌。除上述动物外，作者还在新生犊牛见到过 2 个良性肿瘤，在一个 3 周龄的犊牛见到过在骨骼肌和齿龈上有多发性病变。后一病例在组织学上类似于恶性血管内皮瘤。这三个病例都未取得胎盘，但值得注意的是，Kirkbride 等所描述的病例，在舌和前肢皮肤都有一个毛细血管瘤，在胎盘上还有一个绒毛膜血管瘤。

D. **外周神经肿瘤**（tumours of the peripheral nerves）

与神经相连是诊断这类肿瘤很有价值的线索。有关其组织学类型的详述和图解见第五章神经系统肿瘤。

1. 神经鞘瘤（施万细胞瘤）（neurinoma，schwannoma）

2. 神经纤维瘤（neurofibroma）

3. 神经纤维肉瘤（neurofibrosarcoma）

恶性肿瘤可根据细胞成分较多、有丝分裂指数较高而加以区分，同神经的连接可能表现得不清楚。根据细胞的分类、螺纹形和核的排列就可将其同纤维肉瘤区分开来。

E. **犬的同狼尾旋线虫有关的肉瘤**（sarcoma associated with *Spirocerca lupi* in dogs）

这种恶性肿瘤的发生同狼尾旋线虫（*Spirocerca lupi*）肉芽肿有关。它表现为肉瘤模式的区域中，圆形核有许多有丝分裂象，其他区域有许多多核破骨细胞，还有一些区域有类骨质和骨刺形成。有些肿瘤只表现为肉瘤模式，另一些则呈纤维肉瘤、骨肉瘤甚至横纹肌肉瘤模式。某些病例诊断为此种肿瘤，但找不到寄生虫。在一些有这种寄生虫存在的国家，肿瘤病例却并不多。有证据表明，犬的品种是影响肿瘤发生率的一个重要因素。

F. **颗粒细胞瘤**（granular cell tumour）（图 11 - 28）

这些罕见的肿瘤曾发生于猫、犬的舌和齿龈。

良性颗粒细胞瘤（颗粒细胞"肌母细胞瘤"）（granular cell "myoblastoma"）是由大而圆的或多角形细胞组成的，其胞质中有嗜酸性颗粒（HE），还可能有空泡形成。颗粒对 PAS 呈强阳性，但用甲苯胺蓝 O 染色时无异染性，也无抗酸性。

恶性颗粒细胞瘤（恶性、非器官样颗粒细胞"肌母细胞瘤"）（malignant，non-organoid，granular cell "myoblastoma"）比良性的更具多形性，有丝分裂指数更高。

当肿瘤细胞组成小堆或小包，其间的血管壁很薄，呈裂隙状的，称为小泡状软部分肉瘤（alveolar suft-part sarcoma），即恶性颗粒细胞"肌母细胞瘤"（malignant granular cell "myoblastoma"）。

V. 上颌骨和下颌骨肿瘤

除颅颌骨病外，下列病变的描述详见第二十一章骨和关节肿瘤。

A. **骨形成肿瘤**（bone-forming tumours）

1. 骨瘤（osteoma）

一种罕见的肿瘤，眼观时由于单个发生，与颅颌骨骨病无法区分。

2. 骨肉瘤（osteosarcoma）

这是犬的一种较为常见的单个发生的大肿瘤，在猫和马有个别病例。

B. **软骨形成肿瘤**（cartilage-forming tumours）

1. 软骨肉瘤（chondrosarcoma）

在犬的腭和龈所记录的病例，往往是鼻腔原发性肿瘤扩大的结果。

C. **瘤样病变**（tumour-like lesions）

1. 纤维结构发育不良（fibrous dysplasia）

见于年轻马的面部骨骼。

2. 颅颌骨骨病（craniomandibular osteopathy）

这种病见于一些短腿玩赏犬*，可能是由常染色体隐性基因引起的。在其他品种也报道过个别病例。此病表现为双侧或单侧颞骨、枕骨和颚骨的颧骨部分增大，较小的病变通常位于下颌骨支。组织学上，在某些区域为破骨细胞性再吸收，而在其他区域则为新形成的、矿化不良的、小梁粗糙的成骨

---

* 原文是 West Highland White（苏格兰西部高地白梗）、Cairn（凯恩梗）和 Scottish terriers（苏格兰梗）等品种。——译者注

性沉积，病变是由这两部分组合而成的。

病变始于约 3 月龄，以后间断地出现静止状态，并会逐渐增大，直到 12～13 个月后局部骨骼正常生长停止。

Ⅵ. 造血和相关组织肿瘤

这些肿瘤组织块在固定和处理过程中造成的人为变化，会给诊断带来困难。怀疑此类肿瘤时，可在固定前做些组织涂片，以确定细胞类型。组织切片的罗曼诺夫斯基（Romanowsky）染色和网硬蛋白纤维染色都同样有所帮助。未分化肿瘤可用电镜诊断。有关细胞类型的描述和图解，详见第二章造血和淋巴组织肿瘤病。

A. 淋巴肿瘤（lymphoid tumours）

上消化道的淋巴肿瘤可表现为扁桃体肿大，作为多中心疾病的一部分（特别是犬），也可呈局限性不对称病变。偶尔唇的局部淋巴肉瘤也可见于犬和牛的多中心淋巴肉瘤，其上颌骨可被淋巴肿瘤所取代。

B. 肥大细胞瘤（mast cell tumours）

这类肿瘤偶尔见于犬的口腔，有的显然是面部皮下病变扩大的结果，但也有确证是由口腔的上皮下组织发生的。应当注意，死后自溶越严重，肥大细胞的颗粒就越难观察到。

在猫，必须把肥大细胞瘤与嗜酸性肉芽肿［所谓"侵蚀性溃疡"（rodent ulcer）］区别开来。这种病因学还不清楚的非肿瘤性病变侵害唇、舌和前爪。早期的眼观表现可能像一个肿瘤，组织检查时，某些病例有大量肥大细胞，这会给诊断带来困难。在猫的肥大细胞瘤，很少见到作为嗜酸性肉芽肿特征的胶原坏死灶和大量嗜酸性细胞。病变会发生溃疡，当发生在唇时，可导致唇下的骨质暴露。

Ⅶ. 牙源性肿瘤和颌囊肿

牙源性器官的肿瘤在家畜并不常见，作者只检查了 16 个本人和别人收集的病例，不能给出一个明确的分类，下列病变只是个人所见的或是文献上记载的。读者要想了解详细的分类，可以参考人相关肿瘤的分类。

A. 同牙源性器官相关的肿瘤（tumours related to the odontogenic apparatus）

1. 成釉细胞瘤（釉质瘤）（ameloblastoma，adamantinoma）（图 11 - 29 至图 11 - 31）

此瘤虽属良性，但能因局部入侵而导致骨质严重破坏。肿瘤性上皮细胞以大小和形状不规则的小岛埋藏在胶原基质中，后者会发生透明化。小岛中心是一些连接松散的有尖角的星状细胞。小岛的外围是一层类似牙内上皮的立方或柱状细胞。

在上皮细胞团块（滤泡型）或基质（丛状型）中可形成囊样间隙。若发生伴有角蛋白形成的鳞状化生（棘皮瘤型），则不易与鳞状细胞癌区分。

2. 钙化牙源性上皮瘤（calcifying epithelial odontogenic tumour）（图 11 - 33）

在纤维基质中有成片的多边形大细胞，细胞间桥明显。在细胞片中有均质的嗜酸性团块。这些区域呈现同心层钙化［利泽甘环（Liesegang rings）* ］。

3. 成釉细胞纤维瘤（ameloblastic fibroma）

此瘤是由上皮和间皮** 两种成分组成的。上皮细胞索和岛与成釉细胞瘤的相似，但基质是由许多圆形、有角突的类似于牙乳头的细胞组成的，像成釉细胞瘤中那种成熟的胶原则很少。

---

* 两种电解质在一种胶体凝胶中相遇时，会周期性地以同心的圆环、波纹或螺纹的形式沉淀下来，这种环称为利泽甘环，简称利氏环，这种现象称为利氏现象。胆结石也是这样形成的。——译者注

** 原文为 mesothelia，有误，应为 mesenchymal。——译者注

4. 牙成釉细胞瘤（odontoameloblastoma）（图 11-34、图 11-35）

除了具有成釉细胞瘤的基本模式，还有牙釉质、基质和牙质区，这些区域可组成正常的或非典型的牙胚（图 11-32）。这种肿瘤可认为是一种具有附加成釉组织的复合牙瘤或组合牙瘤。

5. 复合牙瘤（complex odontoma）（图 11-36、图 11-37）

这是一种畸形，其中可见各种牙组织，但结构紊乱，无成釉组织。

6. 组合牙瘤（compound odontoma）

目前只能主观地根据它里面主要是一些结构良好的髓石（denticles）来同上述复合牙瘤区别开来。

7. 黏液瘤（牙源性黏液瘤）（myxoma，odontogenic myxoma）

黏液样基质中分布着一些星形和梭形细胞。基质用合适的染色如阿尔兴蓝染色就可见到。还可见到少量牙源性上皮细胞带。

8. 恶性成釉细胞瘤（malignant ameloblastoma）

由于良性成釉细胞瘤都有侵袭性生长导致的骨吸收，因此区分良性和恶性不仅要依据原发肿瘤是否存在转移现象，还要观察是否出现许多有丝分裂象和一定程度的间变。这种肿瘤在家畜是否有记录还值得怀疑。

9. 原发性骨内癌（primary intra-osseous carcinoma）

这是一种从颌骨发生的鳞状细胞癌，开始时与口腔黏膜无关。在有些病例，是否应当定为此瘤，或者是否认为是来自龈上皮的鳞状细胞癌，都是一种武断。

B. 上皮性囊肿（epithelial cysts）

1. 牙源性（odontogenic）

（a）含牙（滤泡）囊肿 〔dentigerous（follicular）cysts〕

这些囊肿都是从一个未长出牙齿的釉质器发生的。囊肿壁由薄层内衬鳞状（有时角化）上皮的结缔组织构成，其中可能有黏液分泌细胞或纤毛细胞。囊肿壁周围的纤维组织中可能有牙源上皮细胞小条。

Ⅷ. 未分类肿瘤

（胡艳欣、刘天龙、田景纪译，陈怀涛、朱宣人校）

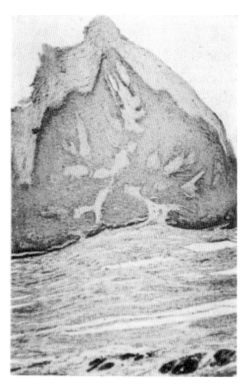

图 11-2　鳞状细胞乳头状瘤，唇部
（8 周母梗犬，爱丁堡）

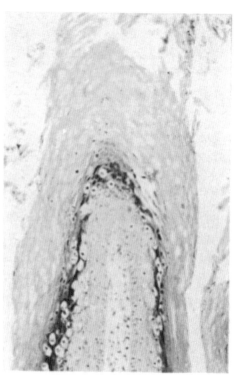

图 11-3　鳞状细胞乳头状瘤，唇部
（2 岁狐梗犬，爱丁堡）

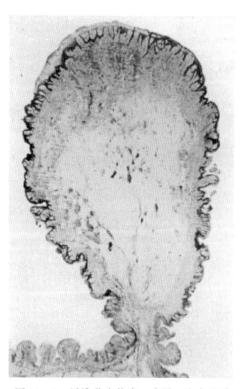

图 11-4　纤维乳头状瘤，瘤胃，注意基质
水肿（4 岁母羊，爱丁堡）

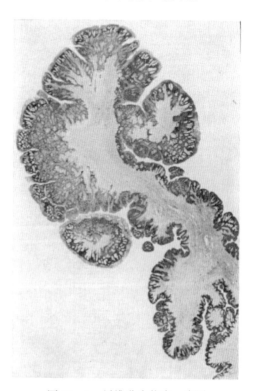

图 11-5　纤维乳头状瘤，瘤胃
（4 岁母羊，爱丁堡）

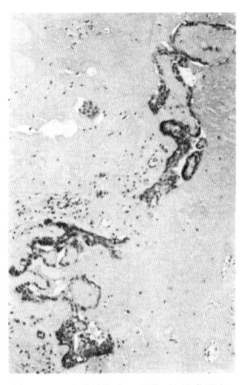

图 11-6 多形性腺瘤，咽腺（2 岁拳狮犬，
爱丁堡）

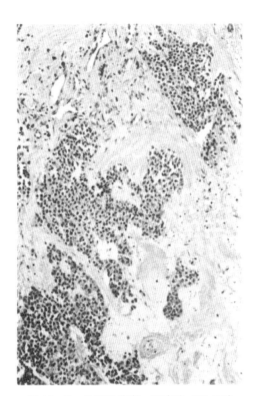

图 11-7 多形性腺瘤，唾液腺（11 岁威
纳犬，美国）

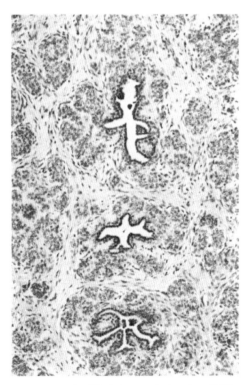

图 11-8 多形性腺瘤，唾液腺（犬，美国）

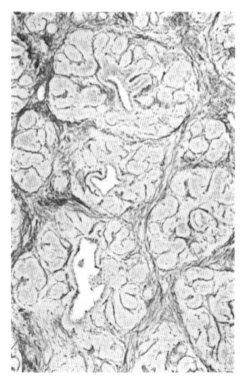

图 11-9 多形性腺瘤，与图 11-8 相似，网状
纤维银染色（美国）

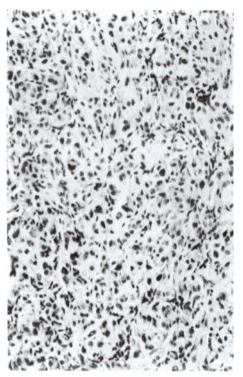

图 11-10　单一形腺瘤，小唾液腺，舌
（10 岁母梗犬，爱丁堡）

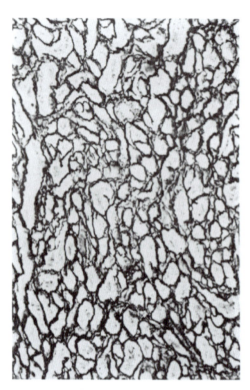

图 11-11　单一形腺瘤，与图 11-10 相似，
网状纤维银染色（爱丁堡）

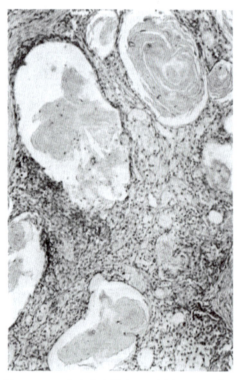

图 11-12　黏液表皮样瘤，下颌腺（14 岁英国
牧羊犬，爱丁堡）

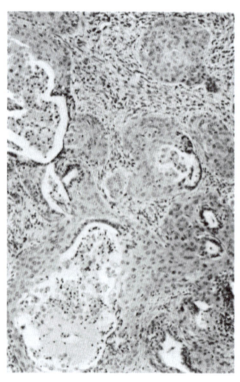

图 11-13　黏液表皮样瘤，腮腺（12 岁柯利
牧羊犬，格拉斯哥）

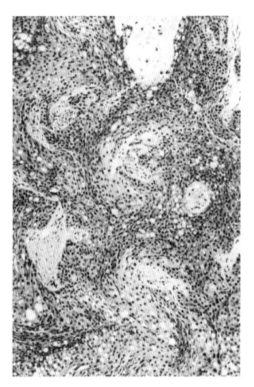

图 11-14　黏液表皮样瘤，腮腺
（8 岁犬，美国）

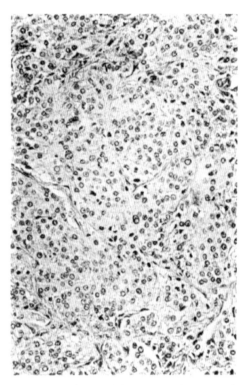

图 11-15　腺泡细胞瘤（透明细胞型），腮腺
（12 岁施皮茨犬，苏黎世）

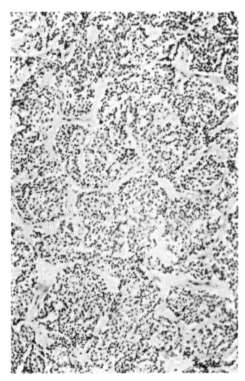

图 11-16　腺泡细胞瘤，舌下腺（8 岁雌性
西班牙猎犬，爱丁堡）

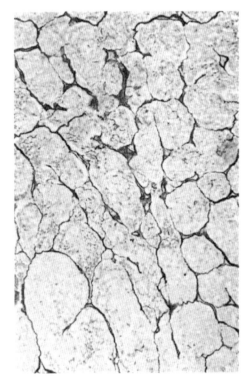

图 11-17　腺泡细胞瘤，与图 11-16 相似，
网状纤维银染色（爱丁堡）

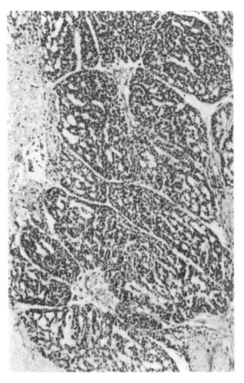

图 11-18　腺癌，腮腺（15 岁西班牙母
　　　　　猎犬，美国）

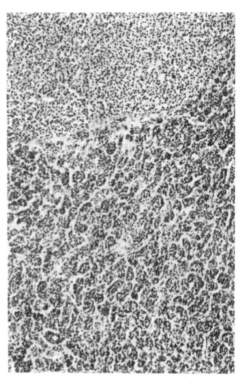

图 11-19　腺癌，腮腺，与图 11-19 为
　　　　　同一病例

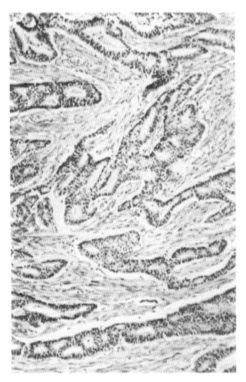

图 11-20　腺癌，下颌腺（10 岁母猫，
　　　　　爱丁堡）

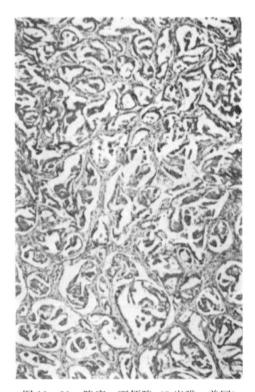

图 11-21　腺癌，下颌腺（8 岁猫，美国

图 11-22　恶性混合瘤，腮腺（9 岁奶牛，美国）

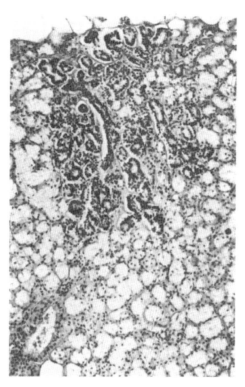

图 11-23　腮腺导管增生（10 岁公牛，阿姆斯特丹）

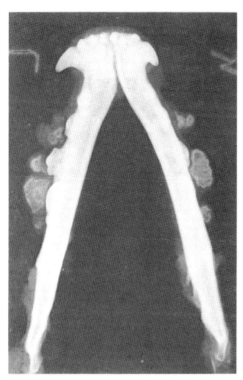

图 11-24　骨化性龈瘤，注意肿瘤内的骨质与下颌骨分离（11 岁母拳狮犬，爱丁堡）

图 11-25　骨化性龈瘤，是图 11-24 同一处病变的表面

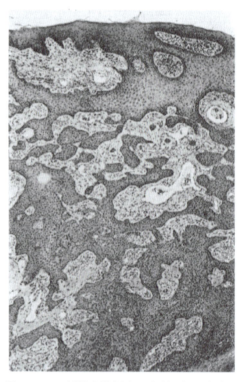

图 11 - 26 纤维瘤性龈瘤，有明显的上皮瘤性
            增生，下切齿区（12 岁杂种犬，
            斯托尔斯）

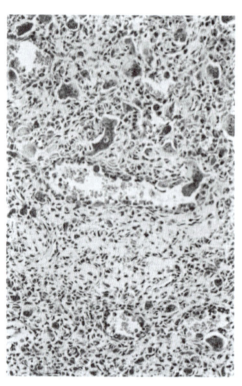

图 11 - 27 外周性巨细胞肉芽肿（巨细胞
            性龈瘤）（犬，伦敦）

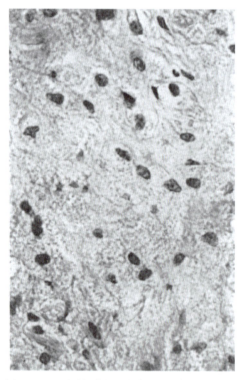

图 11 - 28 良性颗粒细胞瘤，舌腹侧（13 岁雌
            性史宾格猎犬，斯托尔斯）

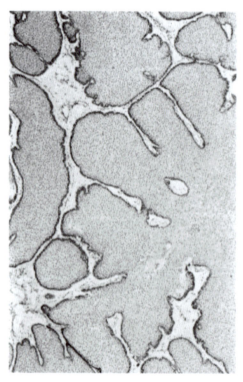

图 11 - 29 成釉细胞瘤（棘皮瘤型），切齿区
            （出生 8h 的小母牛，伊拉克-伊朗）

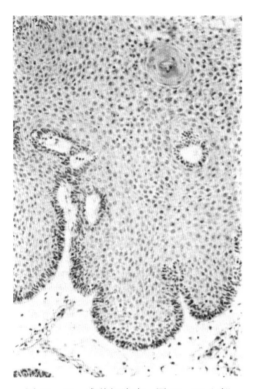

图 11-30　成釉细胞瘤，图 11-29 上部
　　　　　中心区的放大

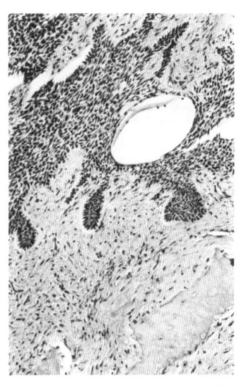

图 11-31　成釉细胞瘤，左下第一臼齿处
　　　　　（成年西班牙猎犬，爱丁堡）

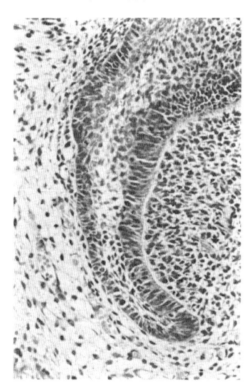

图 11-32　正在发生中的齿（4 日龄大鼠，
　　　　　爱丁堡）

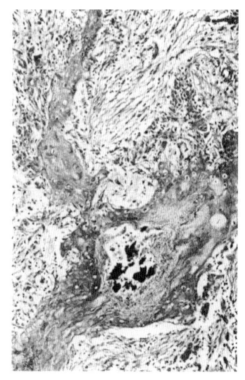

图 11-33　钙化牙源性上皮瘤，右下第三
　　　　　臼齿处（8 岁雌性西部高地白梗，
　　　　　爱丁堡）

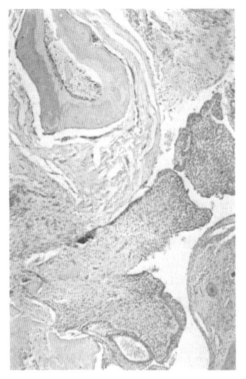

图 11-34　牙成釉细胞瘤，右下犬齿与第一
　　　　　臼齿间（2 岁拳狮犬，美国密歇根）

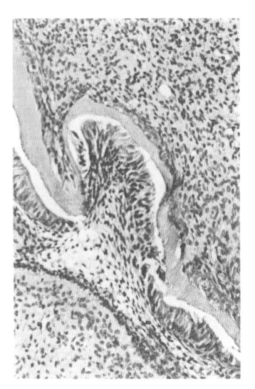

图 11-35　牙成釉细胞瘤，右上犬齿与臼齿间
　　　　　（2 月布列塔尼猎犬，美国密歇根）

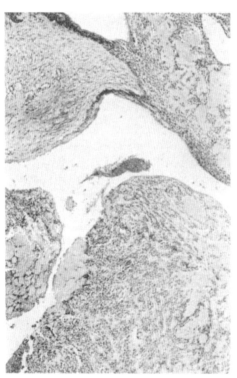

图 11-36　复合牙瘤，下颌骨（10 岁贵宾犬，
　　　　　德国汉诺威）

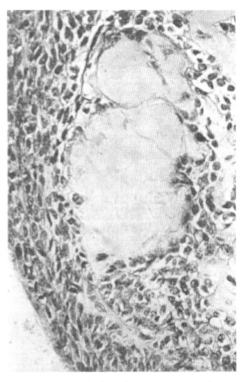

图 11-37　复合牙瘤，图 11-36 右侧
　　　　　中心部放大

第十二章　下消化道肿瘤

K. W. Head

本章分类包括两部分：胃肠道肿瘤，肛管和肛缘肿瘤。其中胃肠道肿瘤可分为腺瘤、腺癌和未分化癌以及几种亚型。大多数息肉是非肿瘤性、增生性或再生性的，而不是腺瘤性的。胃癌主要发生于犬，但在世界各地都不常见。伴有大量纤维化的中度分化的小肠管状腺癌在 6 种家畜均可见到，在某些地理区域，它常见于绵羊和牛。犬直肠中的腺瘤/癌关系与人的相似，但较少见。类癌在家畜非常少见。在软组织肿瘤中，平滑肌和脂肪组织肿瘤较为常见，犊牛腹膜上的先天性间皮瘤偶尔也可见到。在各种家畜胃肠道的肿瘤中，造血和相关组织肿瘤是最普通的，其中大多属于淋巴肉瘤一类。肛管和肛缘肿瘤在犬比较常见，其中 90% 都是肝样（肛周）腺肿瘤。

本分类包括两部分，第一部分是胃肠道肿瘤，涉及的是衬以腺上皮的消化道部分，即从胃或皱胃中同鳞状上皮交界处开始，直到肛门的黏膜皮肤上皮交界处（见第十一章上消化道肿瘤）。第二部分涉及的是肛管和肛缘肿瘤，这是为了完整才把它包括进去的，但并不全部描述，因为各类肿瘤前面已经叙述。

将下消化道各个部位列为一类是有其优点的，因为所采用的名词术语适用于消化道的不同层次。但其缺点是，在讨论每种家畜每个部位的发生率时，每种肿瘤都必须提到。

关于这部分的分类，尤其是命名方面的级别，我们是按照下列常规进行的：

（a）以占优势的细胞类型和生长模式为依据的组织学类型来命名肿瘤；如该肿瘤有些小区域不属于这种类型，则其在后面便会提及。

（b）肿瘤分化程度的级别，采用"高"（肿瘤像正常组织）、"低"（指不易认出是正常组织的）或"中"等形容词表示。

（c）肿瘤扩散的范围，即达到管壁的最深层部位（黏膜层、黏膜下层、肌肉层或浆膜层）和生长模式均须加以描述。

本章涉及的 6 种家畜，其胃肠道解剖学差异很大（见第十一章上消化道肿瘤），它显然也会反映在生理上的不同。同样，组织学结构也有种间差异。例如，肉食动物和猪的肠腺中没有潘氏细胞；犬的幽门黏膜中有相当明显的肌束，从黏膜肌层伸入腺体之间。不过，也有些肿瘤貌似相同，甚至在不同种动物之间，也表现出相似的形态，所以进行种间比较时必须特别谨慎。

组织在切片时必须注意方位，务必使那些需要用于鉴别诊断的部位呈现在切片中（比较图 12-1 与图 12-3、图 12-5），这样才能进行正确诊断。例如，切取息肉样肿瘤组织块时，必须通过其柄部，这样就可检查其入侵组织间隙和淋巴、血管的情况。同样，无论什么肿瘤，必须在组织块与游离面或管腔面成直角的方位下切片，这样才可检查从黏膜到浆膜的病变［参见上述（c）项］。最好在组织固定后再取组织块，方位就比较准确。

标本在动物死亡后或从动物取下后，越快固定越好，这样可使死后腐败程度降至最低限度。死后变化可使细胞质详细结构消失。如用的是活检材料，则应将其黏膜下层或浆膜面那一面贴在硬纸板上，然后浸入固定液中。只有将材料平放固定，才能取得合适的效果，使所有腺体都能沿长轴切到。胃应沿大弯剖开，以便平放固定和检查。肠道必须先与肠系膜分离，同时检查淋巴结；肠道应沿着肠系膜剖开，以便随后选用合适的组织块，检查肿瘤与肠系膜的关系。同样，要贴在硬纸板上固定，防止弯曲和变形，以便按正确方位选取组织块。如在肠道剖开前就怀疑有肿瘤存在，最好在被侵害的肠段注入固定液，并经结扎后再沉入固定液中。这样便可从浆膜面和黏膜面同时快速渗透固定，在操作时也不会担心破坏黏膜。

除了从肿瘤选取合适的组织块外，还要从肿瘤周围正常组织取样。在正常组织与肿瘤组织之间进行比较对肿瘤分级非常重要。当然，那"正常"组织也可能变为病理组织。比如，肿瘤上呈明显增厚的肌肉层，表明阻塞现象已存在一些时间。因此，很重要的一点是，在肿瘤的上部和下部都要采取组织块。那种"正常"上皮也会发生萎缩，表现为小肠绒毛短小，这可能是肿瘤的前兆变化，因为可用致癌剂人为制造出这种变化。胃中如出现肠化生，应予记录。肠道的任何部位，如黏膜和黏膜下层的炎症，小肠杯状细胞增多，均有助于将息肉定为增生性、再生性、炎症性或非肿瘤性生长，而不定为腺瘤性病变。

大多数肿瘤均可用 4% 缓冲甲醛溶液固定和石蜡包埋组织制作切片。HE 染色提供的图像可作为进一步选用特殊染色的基础。用于网硬蛋白纤维的银染色（如 Gordon 和 Sweet 法），可用于检查低分化的腺癌或显示死后变化的腺癌中的腺泡模式。在一定的 pH 下，用网硬蛋白纤维染色、罗曼诺夫斯基染色和甲苯胺蓝染色，都能对造血及其相关组织的肿瘤进行鉴定并做出进一步分类。也可采用 PAS 反应检查中性黏液物质，阿尔兴蓝染色（pH 0.5 或 pH 2.5）检查酸性黏液物质。产生黏蛋白的胃黏膜细胞如呈现肠化生和分化障碍的胃癌细胞，则会从正常的 PAS 阳性变为阿尔兴蓝阳性。肠嗜铬细胞颗粒具有亲银性（argentaffin）或嗜银性（argyrophilic）。例如用麦生－丰太那银染法（Masson-Fontana silver method）时，亲银颗粒能将氨银溶液还原为金属银。而嗜银颗粒比亲银颗粒对死后分解的抵抗力强，只有在还原剂存在的情况下，例如 Bodian 强蛋白银法，才能将银盐还原为金属银。塞维尔银染法（Sevier's silver method）能将上述两类肠嗜铬细胞*都染成棕色或黑色。

这一分类是依据对近 350 例胃肠道肿瘤和近 250 例肛管和肛缘肿瘤的研究而做出的。在某种家畜某一部位所见到的任何一种组织学类型的肿瘤，其发生率将反映：所检查的易感动物的样本数目和在那个地理区域存在特定的病因。在某些局部地区，绵羊和牛肠道的腺癌是很普通的。相反，犬和猫胃肠道里的各种肿瘤，同它们身体其他部位的恶性肿瘤相比，看起来并不常见。

表 12-1 为来自爱丁堡的肿瘤材料中主要组织学类型的种间分布。收集这些肿瘤共历时 25 年，是从大约 10 000 只犬、5 000 只猫和 1 000 匹马的尸体剖检中发现的。牛、猪和绵羊的肿瘤是从剖检和当地屠宰场收集的，按照那里肉品检验标准，每头动物都被认为是经过了尸体剖检的。表 12-1 所列病例是从约 100 万头牛和猪以及约 600 万只绵羊中取得的。

除了这些材料，还有 50 例是爱丁堡地区罕见或还没有记载过的。

表 12-1　来自爱丁堡的材料中主要肿瘤组织学类型的种间分布

肿瘤类型	牛	绵羊	马	猪	犬	猫	总计
上皮	10	108			35	13	166
类癌					1		1
平滑肌	1				19	1	21
其他软组织	8		9		3		21
淋巴性	3	10	6	4	79	54	156
肥大细胞					1		1
未分类的	4	4	1		12	3	24
总计	26	122	16	4	150	72	390

---

* 肠嗜铬细胞是指肠黏膜里那种可染以铬盐和银盐的细胞，能合成和储藏 5-羟色氨（5-HT，亦即 serotonin）。现已查明，从食道到肛门整个消化道以及胆管、胰管等部位都有这种细胞，只是小肠较多而已。上述两种对银染法有不同反应的细胞中，前者即亲银细胞（argentaffin cell），其胞质中有一种特殊颗粒，能直接还原银化合物；后者即嗜银细胞（argyrophilic cell），其颗粒在与银作用前，需要先进行还原。——译者注

下消化道肿瘤的组织学分类和命名

（一）胃肠道肿瘤

Ⅰ. 上皮组织肿瘤

A. 腺瘤

1. 乳头状（绒毛状）

2. 管状（腺瘤样息肉）

3. 乳头管状（管绒毛状）

B. 腺癌

1. 乳头状腺癌

2. 管状腺癌

3. 黏液腺癌

4. 印戒细胞癌

C. 未分化癌：单纯癌、髓样癌、实性癌

Ⅱ. 类癌

A. 亲银性肿瘤

B. 非亲银性肿瘤

Ⅲ. 软（间叶）组织肿瘤

A. 平滑肌瘤

B. 成平滑肌瘤

C. 平滑肌肉瘤

D. 海绵状血管瘤

E. 脂肪瘤和脂肪瘤病

F. 脂肪肉瘤

G. 间皮瘤

H. 纤维肉瘤

Ⅳ. 造血和相关组织肿瘤

A. 淋巴肿瘤

B. 肥大细胞瘤

Ⅴ. 继发性肿瘤

Ⅵ. 未分类肿瘤

Ⅶ. 瘤样病变

A. 增生性息肉（炎性或再生性息肉）

B. 猪肠腺瘤病

C. 良性淋巴息肉

D. 肌层环状肥大

（二）肛管和肛缘肿瘤

Ⅰ. 上皮肿瘤

A. 肝样（肛周）腺肿瘤

B. 鳞状细胞癌

C. 直肠型腺癌

D. 黏液表皮样（腺鳞）癌

E. 肛窦腺肿瘤

F. 未分化癌

Ⅱ. 黑色素生成系统肿瘤

Ⅲ. 造血和相关组织肿瘤

A. 淋巴肿瘤

B. 肥大细胞瘤

Ⅳ. 软（间叶）组织肿瘤

Ⅴ. 未分类肿瘤

肿瘤的描述

（一）胃肠道肿瘤

Ⅰ. 上皮组织肿瘤

A. 腺瘤（adenoma）

腺瘤是良性肿瘤，必须与非肿瘤性、增生性息肉区分开来，因为前者具有恶变前的意义，而后者则没有。与周围正常黏膜相比，腺瘤必然表现一些细胞的非典型性和有丝分裂象增多。腺体壁因细胞层数增多而不规则地增厚，有些细胞核增大、深染。腺泡形状和核/质比的变化、核极性的消失及有丝分裂的异常等都没有腺癌明显。随着非典型程度的增加，黏液在核上方的大量形成就会减弱。腺瘤有以下三种生长模式。

1. 乳头状（绒毛状）（papillary，villous）（图 12-1、图 12-2）

这种类型是由指状突起组成的，突起被覆高分化的上皮，里面有固有层构成的芯子。无柄的肿瘤较有柄的多。

2. 管状（腺瘤样息肉）（tubular，adenomatous polyp）（图 12-3、图 12-4）

这种类型是一些由高分化的上皮组成的分支小管，其外由固有层包围。有柄的肿瘤较无柄的多。

3. 乳头管状（管绒毛状）（papillotubular，tubulovillous）（图 12-5、图 12-6）

同时表现上述两种类型的特征。

从理论上说，当发现胃中有良性肿瘤，其上皮要不是像胃表层（小凹）上皮，就是像不同程度化生的肠上皮。

在带柄腺瘤中可能见到假癌样入侵，据认为是由于瘤柄反复扭转导致腺瘤组织误入黏膜下层所致。黏膜内可发生出血并进入腺体，腺泡壁细胞会脱落，在血管里形成一个貌似瘤栓。

据文献记载，胃肠道各段的良性腺体肿瘤在犬是一种罕见的现象，而它们在其他家畜则还无记录。从作者检查的犬胃、犬和猫小肠以及一头牛的盲肠来看，息肉样病变一般都是增生性息肉，而不是真正腺瘤。在犬的大肠，特别是直肠，偶尔会发现真正腺瘤（主要是乳头状或乳头管状）。

绵羊小肠的腺癌可呈现一个或几个息肉状团块，它是从使肠腔变窄的环状肿瘤发生的。迄今为止，绵羊肠道里还没有发现过一例不同癌瘤一起存在的真正腺瘤，因此还不清楚这种情况是否就像犬直肠中的良性肿瘤那样，其中有些看来是会变成恶性的。

猪的肠腺瘤病，在形态上或许还在病因学上，都不同于人的结肠腺瘤状息肉病（adenomatous polyposis coli），后者有时也称为腺瘤病（adenomatosis）。因此，本章把猪肠腺瘤病列入Ⅶ. 瘤样病变。

B. **腺癌**（adenocarcinoma）

这是一种形成管状结构的恶性肿瘤，它可表现以下几种模式，但只根据占优势的一种模式命名。因侵犯胃肠壁的程度不同，出现的模式也有差异。

1. 乳头状腺癌（papillary adenocarcinoma）

具有指状突起，以固有层为芯子，其外覆以极化良好的柱状或立方状上皮细胞。也可能增大成息肉样团块突入管腔，但真正的癌瘤入侵一定会见于黏膜肌层之下，可能在淋巴管或血管中。

2. 管状腺癌（tubular adenocarcinoma）（图 12-7 至图 12-17）

是由嵌埋在纤维基质中的分支小管组成的。上皮细胞呈柱状、立方状或扁平。

3. 黏液腺癌（mucinous adenocarcinoma）（图 12-15）*

内有大量黏蛋白，故膨胀的腺体可能破裂，形成黏蛋白湖，其中可见一些上皮细胞团块。黏蛋白可占据肿瘤的一半以上，到处都有，因此肉眼也可见到。

4. 印戒细胞癌（signet-ring cell carcinoma）（图 12-18 至图 12-20）

主要是由胞质中含有黏蛋白的孤立的细胞构成。

上述任何一类肿瘤的上皮细胞如能产生黏液性物质时，就应注意其数量和种类。黏液蛋白可在胞质中表现为充满酸性黏蛋白的空泡，或是充满胞质的酸性黏蛋白颗粒（如在杯状细胞），或表现为胞质中嗜酸性的中性黏蛋白颗粒，其细胞核略为偏一端。

一些腺癌的基质成分也会出现变化。骨刺既可出现在黏膜里，也会发生在浆膜区。浸润性肿瘤可表现过度纤维化（硬癌），因此高分化的胶原纤维组织甚至可掩盖那些散在分布的肿瘤上皮细胞。"原位癌"这一名称用于上皮细胞呈明显非典型性的时候，即它是一种尚未入侵黏膜肌层的恶性肿瘤。如果肿瘤已浸润到固有层，但还未到达黏膜肌层，则会通过入侵黏膜淋巴管而引起淋巴转移，此时应称为黏膜内癌（intramucosal carcinoma）（图 12-20）。如已入侵黏膜下层，则这两个名称都不适用，

---

* 原文表述不准确，应为图 12-15。——译者注

而应称为浅表性扩散癌（superficial spreading carcinoma），表示此肿瘤仅侵入黏膜下层，但向侧旁浸润得较远，通常在非肿瘤的黏膜之下。在兽医界的常规肿瘤诊断学里，很少需要采用这类名称，但在用犬进行化学物质的致癌性试验时，这一类早期病变术语在报道其结果时还是很有用处的。

C. 未分化癌：单纯癌、髓样癌、实性癌（undifferentiated carcinoma：carcinoma simplex，medullary carcinoma，solid carcinoma）

这是一类见不到腺体结构的癌。

另一种分类是根据与人胃癌的地域性流行有关的分类方法：

肠型（intestinal type）：肿瘤细胞类似于肠柱状上皮细胞，排列成小管，有明显的刷状缘。胞核位于基部（即极化良好），可见到杯状细胞，肿瘤界限清楚。

弥漫型（diffuse type）：由小而圆的细胞构成，管状模式发育不良。由于呈浸润性生长，故肿瘤界限不清。虽不是全部，但许多细胞呈印戒模式。

中间型（intermediate type）：肿瘤是由以上等同的两种肿瘤结构组成的；或者就是实体癌，即细胞密集在一起，偶尔有腺泡，但在向外侵犯的边缘也有明显界限。

据报道，在犬的恶性肿瘤中，胃癌占 1％，在猫还要少些。作者曾在牛和绵羊而不是在马和猪，见到过少数几例。因为犬是发生最多的，人们可能认为会看到许多组织学类型。事实上，它们是相当单一的、分化程度很低的印戒细胞腺癌，其中有大量纤维组织增生。还经常发生溃疡，并向侧旁发生广泛的浸润性生长。这就相当于人的弥漫型胃癌，但在人它呈散发性。引人注意的是，在犬的一组肿瘤中，有 1/3 的病例在肿瘤邻近的胃组织有肠化生现象。

在有些地区，3 岁以上的牛和绵羊其小肠癌非常普通。在其他家畜中，老年动物偶尔发生，但猪未见。其发生率在犬略低于胃癌，但在猫，小肠要比胃或大肠更常受害。在犬、绵羊和牛，空肠是此瘤最常发生的部位，但在猫，回肠则较常被累及。眼观时，病变几乎总是呈环状的并且使肠腔变窄；在组织学上，它们通常是中度到低度分化的管状腺癌，常伴有严重的纤维化。

大肠癌在老年犬要比在其他家畜多见些。它比胃癌较常见，但仍是一种比较罕见的肿瘤。直肠比结肠或盲肠更常受害。猫的情况类似，但例外的是，小肠是比大肠较为多见的肿瘤发生部位。在绵羊和牛，其年龄分布与小肠腺癌相似；其病变通常累及结肠盘而不是直肠。至于反刍动物的小肠肿瘤，还没有发现癌前病变。但在犬，腺瘤可以发展成为癌。在结肠，肿瘤呈环状并且使肠腔变窄，而直肠的可能呈斑块状、溃疡状或息肉状。犬的大肠肿瘤有好几种组织学模式，这不同于胃和小肠的癌。

家畜肿瘤中，虽然有些类型会有大量黏液，但像这里所讲的黏液腺癌尚未见有报道。

胃肠癌向局部淋巴结转移的现象比较普通，肝也可受到影响。但病畜在出现临床症状采取安乐死前，肺里很少见到转移。特别是小肠腺癌，由于通过腹腔给腹胁和膈部带来广泛病变，并伴随严重纤维化和腹水，故会转移人们对外观不明显的原发性肠肿瘤的注意力，从而误诊为间皮瘤。

上述组织学模式并不一定与肿瘤的眼观形式完全一致。斑块状溃疡肿瘤和环状狭窄性肿瘤常比结节状或梭状肿瘤的质地更硬些。

Ⅱ．类　癌

这些肿瘤（图 12-21 至图 12-24）是由均一的小到中等大小的细胞构成的，有时胞质界限不清。核圆，大小均匀，有丝分裂象很少。细胞排列成片、索或簇，其外层细胞呈栅栏状，有时呈不典型的腺泡。这些肠嗜铬细胞肿瘤在固定良好的 HE 染色切片上会显示嗜酸性颗粒。

A. 亲银性肿瘤（argentaffin tumours）

此类肿瘤的细胞可将氨银溶液还原为金属银。

B. 非亲银性肿瘤（non-argentaffin tumours）

此类肿瘤的细胞不发生亲银反应，但可有嗜银性，即它们在用内含还原剂的浸银法时会显示颗粒。

有关亲银性类癌的报告偶见于犬的小肠和大肠、猫的结肠和牛的空肠。作者曾在犬胃中见到过一个非亲银性但有嗜银性的类癌。在所研究的少数几个家畜的类癌中，其细胞的小包状排列并不像人的典型肿瘤那样分散，也不像癌细胞那样紧密。

这些肿瘤是从黏膜深部发生的，但可迅速向黏膜下扩散，好像是黏膜下的原发性肿瘤。因此有必要追踪黏膜肌层，以便找到黏膜深部的原发部位。

Ⅲ. 软（间叶）组织肿瘤

A. 平滑肌瘤（leiomyoma）（图 12-25）

这些肿瘤是由交织成束的嗜酸性梭形细胞构成的，细胞外有网硬蛋白纤维环绕，内有两端钝圆的长形核。有丝分裂象罕见。也可见到像神经鞘瘤里胞核那样明显的栅栏状排列，但细胞里会有肌原纤维。

B. 成平滑肌瘤（leiomyblastoma）

肿瘤是由圆形或多边形细胞构成的，胞核周围的胞质不着色。有丝分裂象少见。看不到肌原纤维，但细胞有时变长，类似平滑肌细胞。肿瘤显然是从胃肠壁的肌肉层发生的。

C. 平滑肌肉瘤（leiomyosarcoma）（图 12-26 至图 12-28）

这类肿瘤与平滑肌瘤之间，还不可能制订一个明确的区分标准。应观察更多的细胞和有丝分裂象；有些分裂象是异常的。可见到数量不等的非横纹肌细胞，还可找到多形性细胞，包括瘤巨细胞。

成平滑肌瘤很少见，并且只是在犬见到过。平滑肌瘤和平滑肌肉瘤可见于犬、猫消化道的各段。在犬，胃平滑肌瘤比胃癌还要常见，有时与胃癌共同存在。直肠是犬的大肠最常发生肿瘤的部位。常规尸检中碰巧发现的那些小肿瘤，不是从黏膜肌层而是明显从肌肉层发生的。

D. 海绵状血管瘤（cavernous haemangioma）

这种肿瘤在多种家畜偶尔有过报道。有趣的是，恶性血管内皮瘤看来不发生于消化道，即使阿尔萨斯（Alsatian）牧羊犬也是如此，但在其他部位却常有发生。

E. 脂肪瘤和脂肪瘤病＊（lipoma and lipomatosis）

脂肪瘤很少发生在胃肠道壁，而多发生于肠系膜和腹膜后部脂肪。马的脂肪瘤常有柄，当其发生扭转时可导致肿瘤坏死。

在两岁以上具有高乳脂特点的牛，特别是娟姗和根姗这两个（英吉利）海峡群岛品种，其大网膜、肠系膜、后部腹膜及肠道周围，会有成熟脂肪细胞不断积聚，并以宽纤维条带将其分隔成不规则的小叶。当累及回肠和结肠时，其浆膜和肌肉层之间会有厚达 10 cm 的脂肪和纤维组织。病至后期，这些团块可发生脂肪坏死和营养不良性钙化。这种情况称为脂肪瘤病或纤维脂肪瘤病。它可能不是真正的肿瘤，并且肯定不发生转移，但在动物死亡或被屠宰之前，可能会不断加重。

F. 脂肪肉瘤（liposarcoma）

这是犬小肠的一种非常罕见的肿瘤。

G. 间皮瘤（mesothelioma）（图 12-29 至图 12-32）

这些肿瘤是从体腔间皮衬里（特别是胸膜和腹膜）发生的肿瘤，是由上皮样细胞和梭形细胞按不同比例混合组成的。当细胞形成上皮样细胞的小管或实体索时，此肿瘤就像是通过体腔而转移的癌瘤。如肿瘤是由纤维基质中的梭形细胞组成时，则类似于纤维瘤或纤维肉瘤。有丝分裂象罕见。

间皮瘤可呈单发或多发，后一种形式称为"弥漫型"，因为脏层和壁层浆膜的很大面积上都有许多小结节，并有融合趋势。这种广泛的病变会伴有腹水或胸水。

间皮瘤很少见，但在小牛还有胎儿的腹膜上见到过弥漫型，因此被认为是先天性的。有些肿瘤的成纤维组织中有软骨小岛。

＊ 脂肪瘤病也称为脂肪过多症。——译者注

间皮瘤在老年母牛和母犬都有过报道。在做出此瘤诊断前，必须排除卵巢癌、子宫癌或肠癌通过体腔发生转移的可能性。如果是母犬，则应排除乳腺癌经由淋巴向胸壁或腹壁扩散的可能性。同样，也应注意，牛和绵羊患寄生虫病和创伤性瘤胃炎/网状炎/瓣胃炎时发生的增生性腹膜炎，其表面也有类似间皮瘤的变化。

H. 纤维肉瘤（fibrosarcoma）

在这 6 种家畜中，大多偶尔有过纤维肉瘤的报道。这类肉瘤包括梭形细胞肉瘤。如果分化程度很差，在对胶原产生阳性染色反应的纤维基质中没有梭形细胞核的区域，那么该肿瘤就应列入"未分类肿瘤"。

Ⅳ. 造血和相关组织肿瘤

A. 淋巴肿瘤（lymphoid tumours）

从表 12-1 可见，这些肿瘤在 6 种家畜都较普通，它们可在胃肠道的各个部位发现，但主要在小肠，有时为一个病灶，有时为分散的数个病变，偶见大部分胃肠道弥漫性增厚。病变可能只限于消化道及其局部淋巴结，也可能是消化道多中心的全身化疾病的一部分。大多数肿瘤是淋巴肉瘤，但有些是免疫球蛋白形成细胞肿瘤。瘤细胞在肌束之间成列生长，因此这些肌束萎缩后就剩下平行排列的网状纤维。

B. 肥大细胞瘤（mast cell tumours）

没有争议的原发性肥大细胞瘤在胃肠道是罕见的。作者曾在猫的肠道见到过一个间叶肿瘤，由大而圆的细胞组成。胞质里有 PAS 阳性颗粒，后者有时呈微弱的甲苯胺蓝异染性。常规用于鉴定肠嗜铬细胞颗粒的硝酸银直接还原反应、重氮偶合反应和高铁氰化物反应，都不能证明这些肿瘤是类癌；它们可能是低分化的或脱颗粒的肥大细胞瘤。

Ⅴ. 继发性肿瘤

这类肿瘤（图 12-16）包括：①从肠道另一部位通过逆行的淋巴或静脉播散而转移的肿瘤或从腔道种植转移的肿瘤；②作为全身动脉播散的一部分，从身体其他部位转移的肿瘤。

Ⅵ. 未分类肿瘤

这些都是不能归入上述任何一类的消化道原发性肿瘤。

Ⅶ. 瘤样病变

A. 增生性息肉（炎性或再生性息肉）（hyperplastic polyp, inflammatory or regenerative polyp）（图 12-33 至图 12-36）

这是一种有柄或无柄的非肿瘤性息肉样病变，必须注意与腺瘤区分。在胃里，这种息肉的上皮是小凹细胞*；在大肠里，其杯状细胞比正常上皮少些。虽然息肉内的腺体是增生性的，但其形态和有丝分裂象的数目却同邻近黏膜的很相似。由于上皮细胞是非肿瘤性的，所以其大小和形状比较规则，也不是复层。在基部腺体之间，常有一些从黏膜肌层分出来的很明显的平滑肌细胞。息肉表面常发生溃疡，基质中可见数量不等的炎性细胞。腺体，特别是深部的，往往表现囊性扩张。

B. 猪肠腺瘤病（porcine intestinal adenomatosis）（图 12-37、图 12-38）

这种疾病危害 6～16 周龄的猪，它与回肠末端、盲肠和结肠锥体前 1/3 段上皮细胞里存在弯曲菌属的痰弯曲菌亚种有关。病变轻者只能用组织学检查才可见到，中等者正常皱褶增大，重者为小而无柄的息肉或较为少见的有柄息肉。黏膜的病变可能是弥漫的或局部的；与正常上皮有明确的界限。上

---

* 该小凹细胞即表面细胞。——译者注

述三部分肠道的任何一部分或全部都可患病。在病部的黏膜，可见细胞核深染，呈多层，有丝分裂象很多。黏液分泌减少，因而即使在病变大肠中杯状细胞都很少见。小肠绒毛丧失，使增厚的黏膜呈增大的小管状而不再是绒毛状。有时病变只累及前 2/3 的黏膜。偶尔，腺体会进入黏膜下层，甚至可到达远离淋巴小结的黏膜肌层（本来就是不连续的）。这种入侵一般不很广泛，不会到达肌层。然而，也曾在局部淋巴结中心（猪的淋巴结中心是皮质）的"囊下窦"中发现过上皮细胞构成的腺泡，只是极其罕见而已。病猪到 6 月龄时如不死于肠道功能紊乱，病变会自行消退。

病变在组织学上比较像人的腺瘤，而不大像人的增生性息肉、结肠腺瘤样息肉病或少年息肉病。可能它并非恶变前兆，因为猪的肠腺癌是一种罕见的、甚至可能是并不存在的疾病。这个事实，加之上述微生物的存在明显与病变细胞相关，并且生存下来的猪其病变会自行消退，可以证明它并不是一种真正的良性肿瘤。

C. 良性淋巴息肉（benign lymphoid polyp）（图 12 - 39）

为单发性或多发性息肉，其中央有大量淋巴网状细胞，它们通常呈淋巴小结的形态，内有反应中心，外有一层正常或再生的上皮细胞。上皮细胞和淋巴网状细胞均无细胞异型性。

D. 肌层环状肥大（annular hypertrophy of muscle coats）（图 12 - 40）

这种情况见于犬的幽门部和猪患局部回肠炎的回肠。幽门部被覆黏膜，由于增生腺体肿大而增厚，这些腺体的下 1/3 都有分支，这像人胃巨皱襞性肥厚（giant rugal hypertrophy）的表现。在局部回肠炎的病变中，残存的黏膜与在猪肠腺瘤病见到的相似。眼观，病变虽像环形狭窄性腺癌（annular stenosing adenocarcinoma），但在组织学上，毫无疑问其上皮并非恶性，同时增生的肌层也不是平滑肌瘤。

（二）肛管和肛缘 * 肿瘤

Ⅰ. 上皮肿瘤

A. 肝样（肛周）腺肿瘤 [tumours of the hepatoid（perianal）glands]

这些肿瘤在老年公犬很常见，占肛管和肛缘肿瘤的 90%，其中只有约 20% 是恶性的（详见第七章皮肤肿瘤）。

B. 鳞状细胞癌（squamous cell carcinoma）

详见第七章皮肤肿瘤。

C. 直肠型腺癌（adenocarcinoma of rectal type）

这种肿瘤与大肠腺癌相似，但发生于黏膜皮肤的交界处，因此其恶性腺泡是与复层鳞状上皮直接接触的。

D. 黏液表皮样（腺鳞）癌 [mucoepidermoid（adenosquamous）carcinoma]

黏液表皮样癌是由黏液分泌细胞和鳞状细胞组成的柱状和小管状结构；当这两种细胞类型分别出现在肿瘤的不同部位时，应称为腺鳞癌**。这些肿瘤以及单纯鳞状细胞癌，都已在犬偶尔见到过。

E. 肛窦腺肿瘤（tumours of the sac glands）

这些肿瘤类似于汗腺肿瘤。良性的通常表现为囊腺瘤（cystadenomas），而恶性的则表现为乳头状、管状或实体癌等亚类。这些肿瘤见于老年犬，但不像肝样腺肿瘤具有性别上的倾向性。

肿瘤首先在肛窦里长满，然后广泛侵犯周围组织并向局部淋巴结（髂淋巴结）转移，因此在其皮肤黏膜结合部并不经常发生溃疡。在肛门区，从开口于黏膜皮肤表面的腺体发生的这种肿瘤非常罕见，其可发生溃疡，眼观类似于直肠型腺癌。

---

* 肛缘也称肛门缘，它之前至肛管直肠线（齿状线）的部分称为肛管，俗称肛门。——译者注

** 该肿瘤在人医病理学称为鳞化腺癌。——译者注

F. 未分化癌（undifferentiated carcinoma）

Ⅱ. 黑色素生成系统肿瘤

老年灰色马常会出现多发性良性和恶性黑色素瘤。一般发生在肛门边缘的皮肤，而不是在黏膜下面（详见第七章皮肤肿瘤）。

Ⅲ. 造血和相关组织肿瘤

淋巴肿瘤和肥大细胞瘤有时见于犬，后者较前者常见，呈界限不清的斑块状溃疡，组织学分化程度通常较差（详见第二章造血和淋巴组织肿瘤病）。

Ⅳ. 软（间叶）组织肿瘤

详见第八章软（间叶）组织肿瘤。

Ⅴ. 未分类肿瘤

这些都是不能归入上述任何一类的肿瘤。

（黄勇、赵晓民译，朱宣人、陈怀涛校）

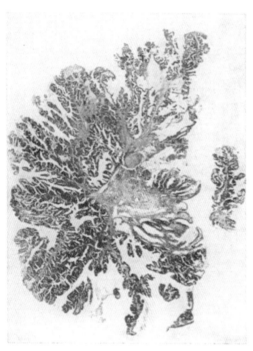

图 12-1 乳头状腺瘤，直肠末端"夹取
活检"（11 岁母梗犬，爱丁堡）

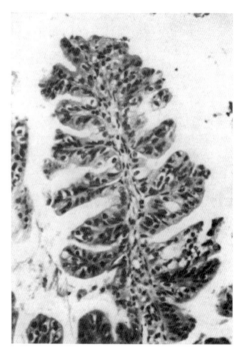

图 12-2 乳头状腺瘤，图 12-1 的
局部高倍放大

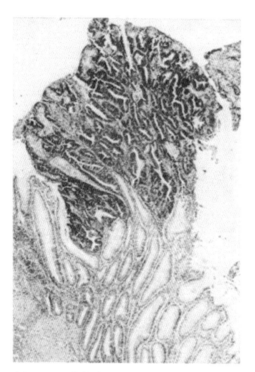

图 12-3 管状腺瘤，直肠末端（12 岁梗犬，
爱丁堡）

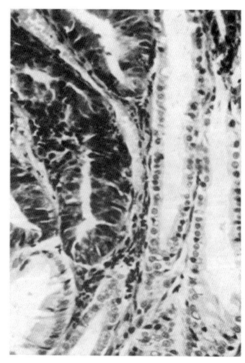

图 12-4 管状腺瘤，图 12-3 中心部高倍
放大，肿瘤（左上）和正常组织
（右下）比较

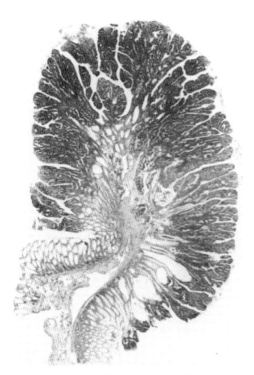

图 12 - 5 乳头管状腺瘤，直肠末端
（4 岁杂种犬，伦敦）

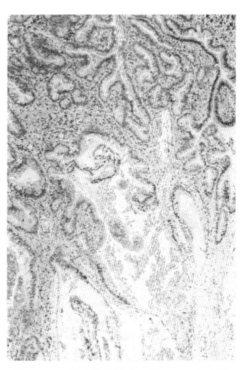

图 12 - 6 乳头管状腺瘤，图 12 - 5 中心部
高倍放大，因腺体出血而导致假
癌样侵犯

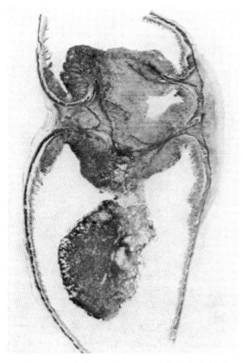

图 12 - 7 腺癌，上部空肠环形狭窄的管状
肿瘤的纵切面，注意息肉（5 岁
母羊，爱丁堡）

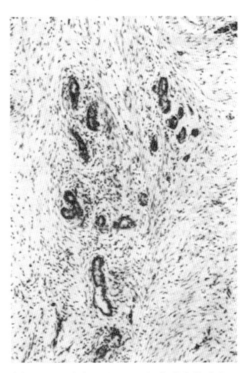

图 12 - 8 腺癌，图 12 - 7 的浆膜高倍放大，
高度纤维化（硬癌）

图 12-9　腺癌，下部空肠环形狭窄的管状
　　　　　肿瘤的纵切面，侵犯黏膜下层和
　　　　　肌肉，肠系膜血管内也有瘤栓
　　　　　（10 岁凯恩猎犬，爱丁堡）

图 12-10　腺癌，图 12-9 局部高倍放大，
　　　　　在肿瘤基部，接近正常的上部肠
　　　　　组织

图 12-11　腺癌，直肠末端的椭圆形斑块样管
　　　　　状肿瘤（12 岁狐梗，爱丁堡）

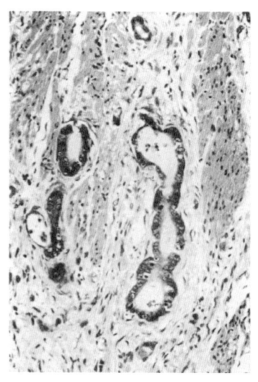

图 12-12　腺癌，图 12-11 局部高倍放大，
　　　　　肿瘤侵入肌束之间

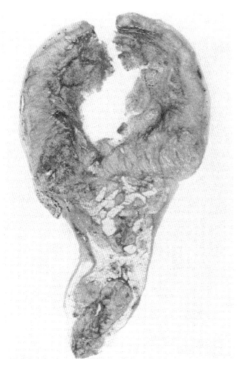

图 12-13　腺癌，下部空肠环形管状肿瘤的横切面，肠和肠系膜大部已被肿瘤取代（9 岁凯恩猎犬，爱丁堡）

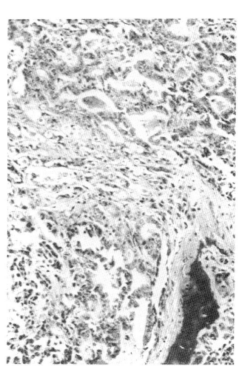

图 12-14　腺癌，图 12-13 黏膜高倍放大，间质中低分化的肿瘤和骨形成

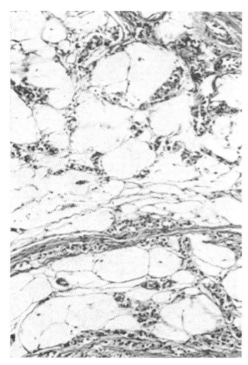

图 12-15　腺癌，图 12-13 肠系膜高倍放大，黏液腺癌模式的区域

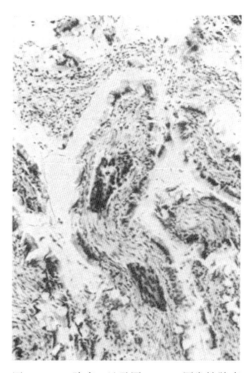

图 12-16　腺癌，显示图 12-13 原发性肿瘤附近的一个绒毛中，其淋巴管有继发性瘤细胞沉积

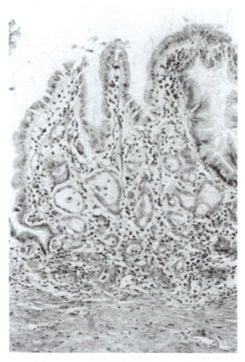

图 12-17　胃黏膜内癌（犬，东京）

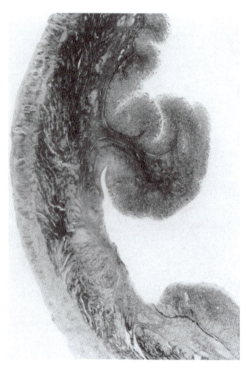

图 12-18　印戒细胞癌（已发生溃疡），胃底部
（5 岁雌性西部高地白色梗，爱丁堡）

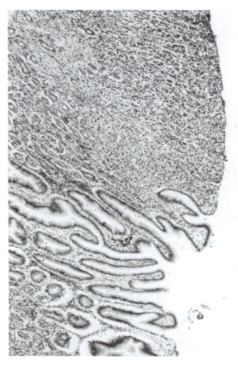

图 12-19　印戒细胞癌，图 12-18 中心部溃疡
　　　　　边缘的高倍放大

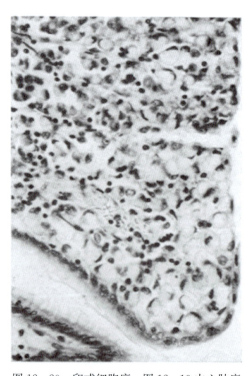

图 12-20　印戒细胞癌，图 12-19 中心肿瘤
　　　　　边缘表面高倍放大

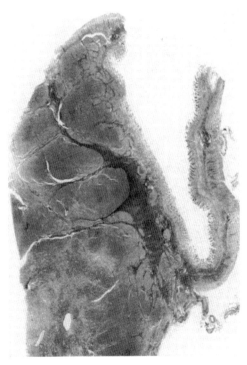

图 12-21 类癌，回肠末端，左上部有小
范围黏膜累及（9 岁英国牧羊犬，
华盛顿）

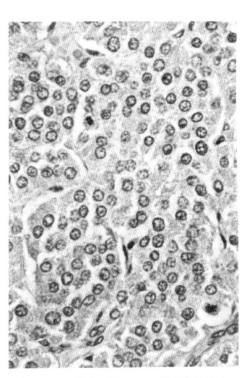

图 12-22 类癌，图 12-21 局部高倍放大，
密集排列的细胞群，其胞质呈
细颗粒状

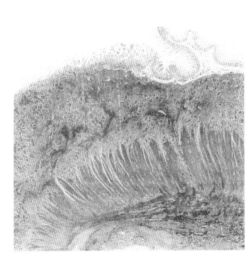

图 12-23 类癌，回肠末端（人，H. Gilmour）

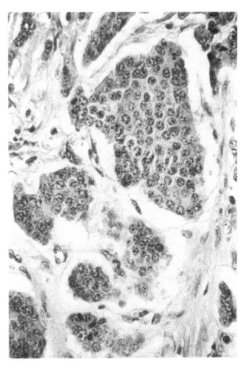

图 12-24 类癌，图 12-23 局部高倍放大

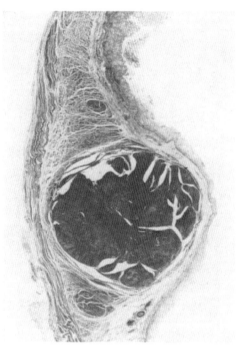

图 12 - 25　多发性平滑肌瘤，胃贲门肌层内
（13 岁拳师犬，爱丁堡）

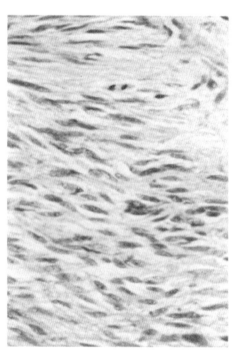

图 12 - 26　高分化的平滑肌肉瘤，十二指肠
（12 岁去势柯利牧羊犬，爱丁堡）

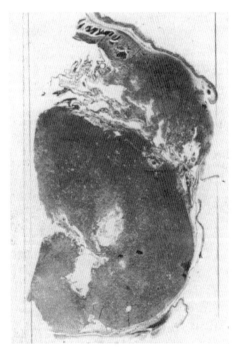

图 12 - 27　低分化的平滑肌肉瘤，直肠，注意
左上部正常的肌层和右上部正常
黏膜下肿瘤的可能来源（12 岁柯
利牧羊犬，爱丁堡）

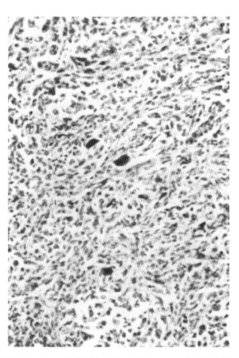

图 12 - 28　平滑肌肉瘤，图 12 - 27 局部高倍
放大，注意细胞多形性和巨细胞

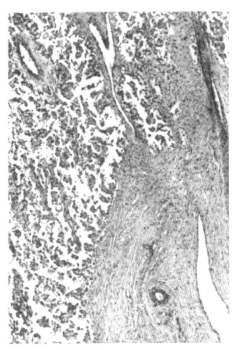

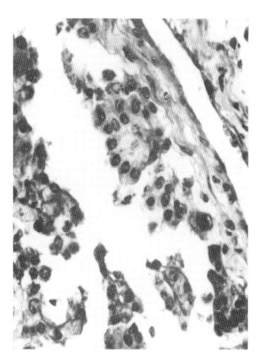

图 12 - 29　间皮瘤，上皮样模式，腹膜
（胎牛，阿姆斯特丹）

图 12 - 30　间皮瘤，图 12 - 29 局部高倍放大

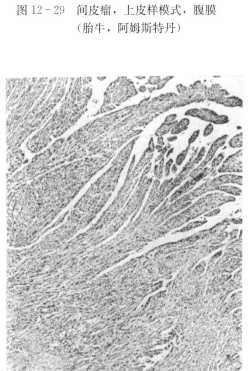

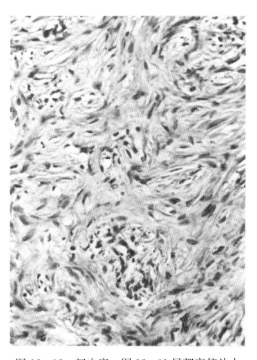

图 12 - 31　间皮瘤，肉瘤样模式，胸膜（13 岁
阿尔萨斯牧羊犬，阿姆斯特丹）

图 12 - 32　间皮瘤，图 12 - 31 局部高倍放大

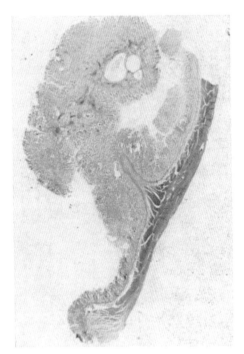

图 12 - 33　增生性息肉，胃幽门区（14 岁雌性
　　　　　西部高地白色梗，爱丁堡）

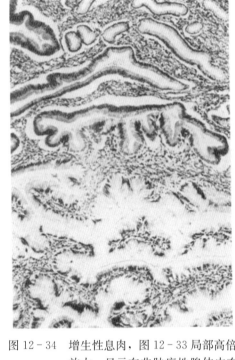

图 12 - 34　增生性息肉，图 12 - 33 局部高倍
　　　　　放大，显示在非肿瘤性腺体中有
　　　　　不同程度的黏蛋白形成

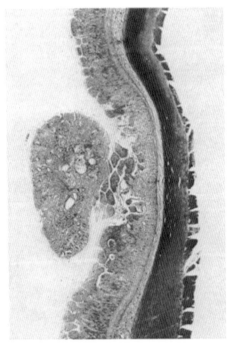

图 12 - 35　增生性息肉，十二指肠（12 岁雌性
　　　　　达尔马提亚犬，爱丁堡）

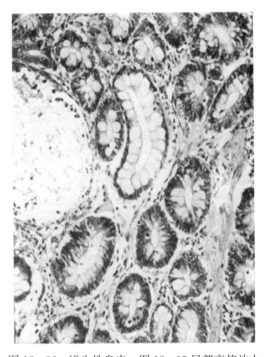

图 12 - 36　增生性息肉，图 12 - 35 局部高倍放大

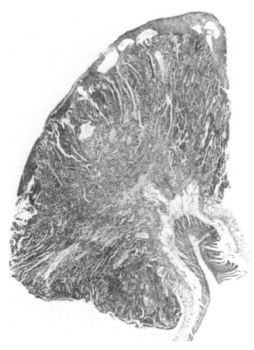

图 12-37　息肉状猪肠腺瘤病（爱丁堡）

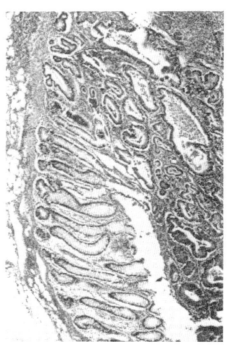

图 12-38　猪肠腺瘤病，图 12-37 局部高倍放大，显示黏膜由正常向异常转变

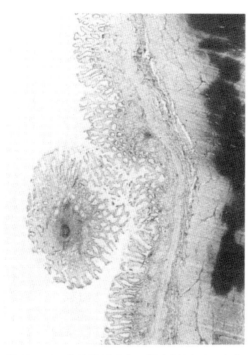

图 12-39　良性淋巴息肉，胃幽门区（12 岁去势雌性拳师犬，爱丁堡）

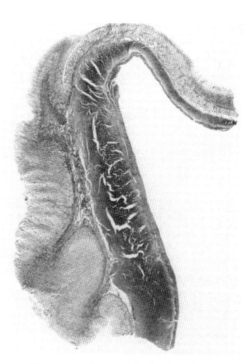

图 12-40　肌层环状肥大，胃幽门区（11 岁雌性梗犬，爱丁堡）

第十三章　肝和胆管系统肿瘤

V. Ponomarkov 和 L. J. Mackey

> 在肝和胆囊肿瘤的组织学分类中，肿瘤类型大多与人的一致。最常见的是肝细胞腺瘤、肝细胞癌和胆管癌。

　　肝和肝内胆管系统肿瘤在大多数家畜都很常见，不过通常都得不到确切的发生率数据。最常见的是肝细胞腺瘤、肝细胞癌和胆管癌。胆管的良性肿瘤并不常见，胆囊肿瘤也很少见到。本分类所涉及的肿瘤是从犬、猫、公牛、绵羊和猪取得的标本，而马的一个都没有。这些肿瘤在公母动物都有，没有性别差异的资料。

　　家畜的肝脏肿瘤在许多方面和人的同类肿瘤相似。可是家畜肝细胞癌不常转移，而根据其组织学景象，似乎应当较常转移。一般说来，所研究的各种家畜的肿瘤，其组织学特征差异很少，但牛是例外。牛的胆管癌同犬的相比，常是一种较严重的硬癌，更可能沿着浆膜扩散到其他腹腔器官表面。

　　家畜天然肝肿瘤的原因尚不明了。人的肝硬化是与肝细胞癌伴发的；但是肝硬化虽是犬的一种重要疾病，肝硬化的犬却只是偶尔同时存在肝细胞癌。慢性肝纤维化是绵羊和牛的一种重要疾病，它是肝片吸虫侵袭的结果，可是同样也没有随后发生肿瘤的证据[*]。在家畜迄今未发现黄曲霉毒素与肝肿瘤之间存在关系[**]。

　　与人胎型肝母细胞瘤（hepatoblastoma）相似的肿瘤亦见于家畜，特别是羔羊。本研究的这一组材料里没有见到肝外胆管肿瘤，或许发生很少。

肝和胆管系统肿瘤的组织学分类和命名

（一）肝肿瘤

Ⅰ. 上皮肿瘤

  A. 肝细胞腺瘤

  B. 肝内胆管腺瘤（囊腺瘤）

  C. 肝细胞癌

  D. 胆管癌（肝内胆管癌）

  E. 肝母细胞瘤（肝母细胞癌）

Ⅱ. 非上皮肿瘤或间叶肿瘤

  A. 血管瘤

  B. 血管肉瘤

  C. 纤维肉瘤

Ⅲ. 其他肿瘤

Ⅳ. 造血和淋巴组织肿瘤

Ⅴ. 未分类肿瘤

Ⅵ. 继发性肿瘤

Ⅶ. 瘤样病变

---

[*] 一般认为，牛、羊的肝片吸虫可引起肝内胆管增生甚至形成肿瘤。——译者注

[**] 黄曲霉毒素，尤其黄曲霉毒素 B_1，可引发肝癌和其他癌瘤。——译者注

（二）胆囊肿瘤	B. 腺癌（乳头状癌）
Ⅰ. 上皮肿瘤	Ⅱ. 瘤样病变
A. 腺瘤（乳头状腺瘤）	A. 囊性增生

肿瘤的描述

（一）肝肿瘤

Ⅰ. 上皮肿瘤

A. **肝细胞腺瘤**（liver cell adenoma，hepatocellular adenoma）（图 13-1、图 13-2）

这是一种高分化的肿瘤，其细胞类似正常肝细胞，不过经常较大，形状变化更多。细胞质多半有空泡；有些肿瘤里会积聚大量糖原和脂肪，呈现主要是清亮细胞的景象。核里有明显的核仁，但有丝分裂象罕见。

大多数肝细胞腺瘤主要表现为小梁模式或腺泡模式，也可出现混合模式。小梁经常有二三个细胞厚，由精细的内皮细胞窦状隙隔开。有些腺瘤为实体结构，而无分化为腺泡或小梁的现象。高分化的腺瘤，只能根据缺乏汇管区与正常肝组织相区别。家畜的肝细胞腺瘤里，很少有明显的血管成分。

肝细胞腺瘤在年轻家畜并不少见，此时会有髓外造血灶。这种造血灶偶尔也见于成年家畜的腺瘤里。

肝细胞腺瘤经常呈界限明确、有范围的淡褐色结节，并不侵入附近肝组织，后者只受到肿瘤的压迫。如这种肿瘤增大，则易变脆，发生破裂。小腺瘤很难和增生性结节相区别，不过后者经常是多发性的。

B. **肝内胆管腺瘤（囊腺瘤）**（intrhepatic bile duct adenoma，cystadenoma）（图 13-3）

这种肿瘤呈界限明确、小而孤立的结节，是由以上皮为内壁的小管和中等量的基质所组成的。上皮细胞为立方形，有清亮的胞质。病变的边缘，可能有一些单核细胞浸润。

胆管囊腺瘤比较常见，都是一些由上皮细胞为内壁所构成的多小腔的囊性肿瘤，这些细胞和正常胆管上皮相似，但可能比较扁平。这些囊肿由纤维结缔组织基质支持着，内含透明的黏液。

C. **肝细胞癌**（hepatocellular carcinoma，liver cell carcinoma）（图 13-4 至图 13-8）

不同癌瘤的分化程度差异很大。高分化的肝细胞癌，其细胞和正常肝细胞极为相似，都是一些具有嗜酸性胞质的多角形大细胞，并有一个居中的泡状核，内有明显的核仁。胞质常呈颗粒状，但会因存在糖原和脂肪而空泡化或透亮。分化程度不太高的，其细胞会呈多形性，有丝分裂率高，胞质嗜碱性较强。大多数肝细胞癌里主要为小梁状结构，小梁厚度为 2～3 个或更多的细胞，并由以内皮细胞为内壁的窦状隙所隔开。单个小梁里会有腺泡或较大的囊状腔隙。在有些肿瘤，细胞排列成短索和灶状腺泡分化的团块；腺泡里经常有 PAS 阳性的非黏蛋白性物质。同一肿瘤的不同部位会见到几种组织学模式。低分化的癌，可能没有明确的组织结构，瘤细胞只形成侵袭性的弥散细胞片。偶尔会看到类似胆管上皮而不是肝细胞的瘤细胞小灶。可是，这些并非真正的混合性肝细胞和胆管细胞癌，因为不能证明那里能产生黏蛋白。

高分化的肝细胞癌不易与肝细胞腺瘤辨别，因为有丝分裂象很少，而且二者的瘤细胞同正常肝细胞很相似。肝细胞癌即使发生转移，在原发部位并不一定出现明显的侵袭性生长。这种癌可长得很大，并在转移前就会导致正常肝组织的广泛破坏。常见的转移部位是局部淋巴结和肺。

D. 胆管癌（肝内胆管癌）（cholangiocarcinoma，intrahepatic bile duct carcinoma）（图 13 - 9、图 13 - 10）

这些肿瘤是由类似胆管上皮的细胞组成的。细胞呈立方状或柱状，胞质透亮，不常呈嗜酸性颗粒状。细胞呈小腺泡状排列，至少在有些地方是如此。在许多情况下会有显著的硬化反应，给肿瘤带来纤维组织的质地。每个肿瘤的组织表现随分化程度而有不同：高分化的，会有规律地形成小腺泡；中度分化的，这种腺泡的界限较差；低分化的，其实体细胞索里只是偶尔形成腺腔。总会有黏蛋白产生。在腺泡里会发现胆汁，而不是在瘤细胞里。在以腺泡为主的肿瘤区域，会出现乳头状结构。在个别情况下，黏蛋白产生特别明显，并在瘤组织里积聚成一些"湖泊"。在罕见的情况下肿瘤也会呈腺鳞型，即在腺癌里出现分化为鳞状结构的小灶。

胆管癌可形成白色致密而质硬的多发性结节团块，能从胆管里向周围实质呈侵袭性生长。它们通常会向肝膜蔓延，造成广泛的浆膜性扩散，以及向淋巴系统和肺的转移。

E. 肝母细胞瘤（肝母细胞瘤）（hepatoblastoma）（图 13 - 11）

类似人胎型肝母细胞瘤的肿瘤偶尔也见于家畜，特别是羔羊。胚型肝母细胞瘤尚未见过。这些肿瘤看来都是良性，是由类似胎儿肝细胞的细胞组成的，比成年家畜的肝细胞要小，并有颗粒状或泡状胞质。有丝分裂率低。细胞都按整齐的小梁和小腺泡模式排列着，由窦状隙隔开。肿瘤里总有髓外造血灶。与大多数人的肝母细胞瘤不同，里面非上皮成分很少或没有。上述细胞学特征不同于肝细胞腺瘤。

Ⅱ. 非上皮肿瘤或间叶肿瘤

A. 血管瘤（haemangioma）

这是一种能形成血管的单发或多发性良性肿瘤。毛细血管瘤是由小血管腔道组成的，以内皮细胞为内壁，并由精细的纤维基质分隔。海绵状血管瘤的血管腔隙通常较大，而且其大小变化更大。肿瘤里单个的充血腔隙，其直径可达数厘米。壁上的内皮细胞会变得扁平，而且在有些地方会发生脱落。血管腔隙由纤维性基质所支持。所有血管瘤的细胞特征比较一致，有丝分裂象罕见。

B. 血管肉瘤（haemangiosarcoma）（图 13 - 12）

这是一种内皮细胞的恶性肿瘤，细胞组成不规则、互相吻合、可构成血管的腔隙。细胞多半大而胖，呈梭形，但常有明显的多形性，有丝分裂率也非常高。这种肿瘤有侵袭性，由于支持基质少而脆弱，因此易于破裂和出血，亦称恶性血管内皮瘤。

C. 纤维肉瘤（fibrosarcoma）

这种肿瘤和其他部位的纤维肉瘤相似。

Ⅲ. 其他肿瘤

肝类癌（图 13 - 13）在家畜比较少见。它是从胆管上皮中那些嗜银性细胞发生的，组成的细胞比较一致，都有一个高染性的圆形或卵圆形核。瘤细胞最典型的排列方式为集合成小群，彼此由精细的纤维基质隔开。细胞在小群里都沿着基底膜排列，形成假小叶。有丝分裂象不常见到。必须用镀银法染色证明类癌细胞质里是否存在嗜银颗粒，才能把它和胆管癌区别开来。

Ⅳ. 造血和淋巴组织肿瘤

肝通常会在造血和淋巴系统的恶性肿瘤发生扩散时受到波及，这些情况已在第二章讨论。淋巴肉瘤和肥大细胞瘤非常少见，只侵害肝脏而其他部位无明显变化。

Ⅴ. 未分类肿瘤

这些都是肝脏原发性肿瘤，不能列入上述任何一类。

Ⅵ. 继发性肿瘤

肝是其他部位原发性肿瘤极为重要的转移部位。发生于肝外组织的恶性肿瘤，绝大部分会在肝脏产生继发性肿瘤。如肿瘤原发部位同肝脏在解剖上或血液供应上关系密切，那么早期就会向肝脏发生转移，例如胰癌。

Ⅶ. 瘤样病变

增生性结节（hyperplastic nodules）呈灶状或更为常见的多发性病变，在中年和老年犬都非常普遍。它们的界限明确，其直径很少大于 3cm，质地常似脂肪，肝脏其他方面都表现正常。肝硬化时的多发性结节性增生可波及全肝，形成不规则结节，大小不一，由纤维组织分隔。在组织学上，增生灶都是由正常状态的肝细胞索组成的，它们并不构成正常肝小叶，但里面会有小胆管。它们里面的脂肪比正常肝细胞的多，会造成细胞空泡化现象。偶尔还可见到有丝分裂象和双核细胞。

毛细血管扩张（telangiectasis）或紫癜肝（peliosis hepatis）是由充血的小血管或窦状隙构成的，往往可见于全肝，在牛特别常见。这种病变大小不一，其直径小的只有几毫米，大的可达 2cm。在组织学上，往往有一层内皮细胞构成的内壁，但未必都很明显。

（二）胆囊肿瘤

Ⅰ. 上皮肿瘤

A. 腺瘤（乳头状腺瘤）（adenoma，papillary adenoma）

胆囊腺瘤是由分泌黏液的上皮构成的简单肿瘤，呈结节状，里面都是一些由精细的基质分隔的腺泡。而腺泡则是由高柱状上皮排列而成的，里面充满黏蛋白。乳头状腺瘤是由被覆立方或柱状上皮的乳头状结构组成的，基质会很丰富。肿瘤里的腺泡可表现囊肿样扩张。有些肿瘤兼有简单腺瘤和乳头状腺瘤两种特征。

B. 腺癌（乳头状癌）（adenocarcinoma，papillary carcinoma）（图 13-14）

胆囊上皮的恶性肿瘤是由分泌黏蛋白的柱状上皮构成的。这种肿瘤除形成腺泡外，经常表现乳头状模式，其中会有分化程度不太好的区域，细胞排列不很整齐。瘤组织都是高柱状细胞，核位于基部，胞质含有黏蛋白，有丝分裂率通常较低。基质结缔组织常有丰富的血管，还可能有单核细胞浸润。

Ⅱ. 瘤样病变

A. 囊性增生（cystic hyperplasia）

胆囊上皮的囊性增生会造成囊壁的弥漫性增厚，并带来蜂窝状结构。每个囊肿都衬以形态正常的、能分泌黏蛋白的高柱状上皮细胞。基质常有淋巴细胞浸润，还会有平滑肌增生现象。黏蛋白积聚后会使每个囊肿表现不同程度的扩张。

（陈怀涛、范希萍译，朱宣人、李建堂校）

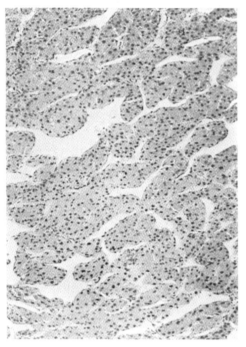

图 13-1　肝细胞腺瘤，小梁模式（母牛）

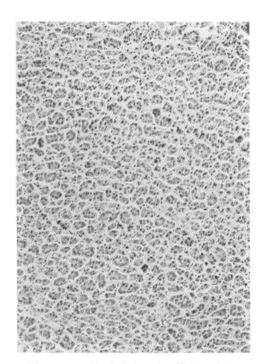

图 13-2　肝细胞腺瘤，腺泡模式（绵羊）

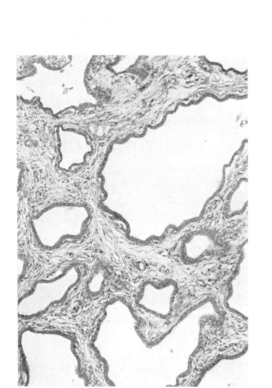

图 13-3　肝内胆管囊腺瘤（犬）

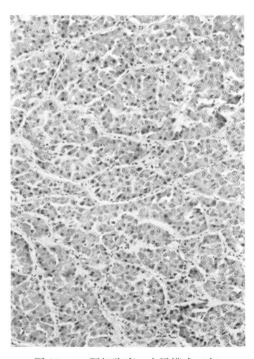

图 13-4　肝细胞癌，小梁模式（犬）

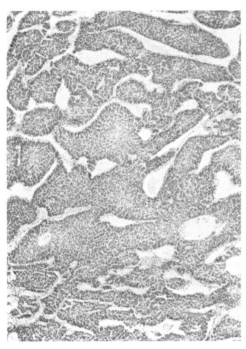

图 13-5 肝细胞癌，小梁模式（母牛）

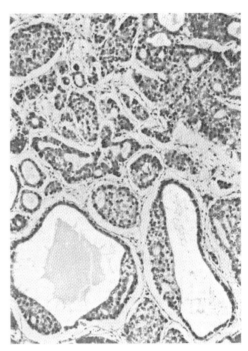

图 13-6 肝细胞癌，小梁模式，有局灶性
腺泡和囊肿形成（母牛）

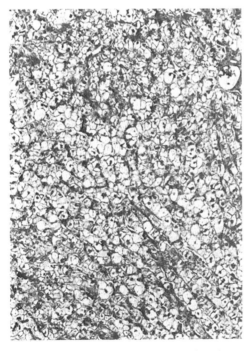

图 13-7 具有透明细胞的肝细胞癌（犬）

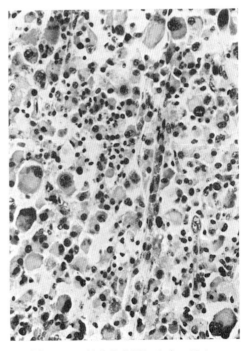

图 13-8 低分化的肝细胞癌（母牛）

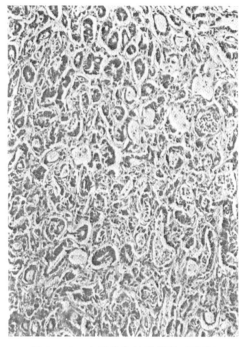

图 13-9　中度分化的胆管癌（绵羊）

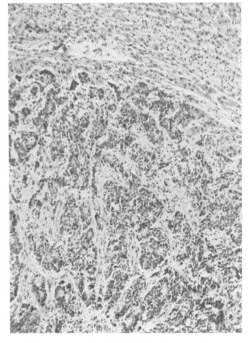

图 13-10　中度分化的胆管癌（母牛）

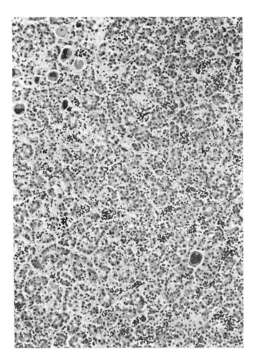

图 13-11　肝母细胞瘤，胎型（绵羊）

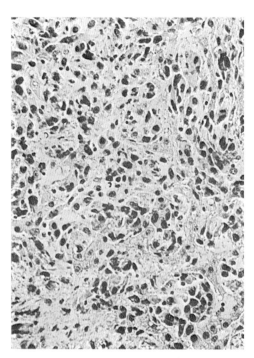

图 13-12　肝血管肉瘤（犬）

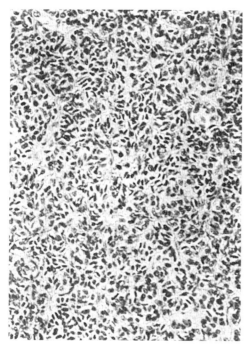

图 13 - 13　肝类癌（母牛）

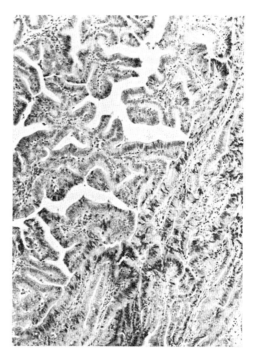

图 13 - 14　胆囊腺癌（猪）

第十四章　胰肿瘤

Charles H. Kircher 和 Svend W. Nielsen

　　胰肿瘤最常见于犬和猫，其他家畜只是偶尔见到。胰腺和胰岛的肿瘤发生率，都随年龄增长而增加。胰腺腺癌是最常见的恶性肿瘤，并有三种完全不同的形态学模式：小管、大管和腺泡细胞（罕见）。它们常在临床症状出现前便转移。瘤细胞间具有散在透明组织细胞的"满天星"景象，是小管腺癌低分化区和未分化癌的一个常见特征。胰岛细胞肿瘤仅在犬数量较多，约有一半能转移，但是否属恶性常不能用形态学表现来加以判断。在已报道的犬胰岛细胞肿瘤中，有超过一半伴有低糖血症的临床症状。结节性增生与胰腺腺癌有时难以区别，前者常见于老龄家畜，后者相当少见。

　　胰肿瘤虽不常见，但六种主要家畜都可发生。本研究所用肿瘤大多数见于犬或猫。胰腺腺瘤和结节性增生已见于犬、猫和牛，增生性结节看来是老龄动物常见的一种病变。胰腺腺癌是最普通的胰肿瘤，报告最多的是犬（约 140 例）和猫（约 50 例），偶见于牛和马；绵羊和猪则仅有个别报道。在犬，其胰腺腺癌的发生率据报道约占全部肿瘤的 1%。在这方面似乎没有任何品种间的差别。这些肿瘤最常发生于胰的十二指肠（纵）支处，这个部位相当于人的胰头。随年龄增长会有发病增多的风险，平均发病年龄在犬为 10 岁，在猫为 12 岁。在犬，雌性比雄性稍多；而猫则无性别差异。

　　胰岛细胞肿瘤比腺癌较少见。大多数报道来自犬（约 70 例），少数来自猫和牛，来自猪的只有一例。从文献报道来看，似乎犬 60%～70% 的肿瘤都能出现明显机能变化，引起低糖血症和一些有关的临床症状；近一半肿瘤发生了转移。病犬的平均年龄约 9 岁，发病率也无性别差异。大多数胰岛细胞肿瘤发生于胰的十二指肠支处。

　　兼有胰岛细胞肿瘤或胰腺腺癌的多发性内分泌肿瘤，在犬已有报道。本文所用的病犬中，有一例同时患有胰腺腺癌和胰岛细胞肿瘤；而另一例则为十二指肠溃疡，伴有无机能表现的胰岛细胞腺瘤。

　　本研究所用材料包括 55 个病例。分类和命名的依据是肿瘤的形态学而不是其组织发生。统计数据和罕见肿瘤的描述都从参考文献做了补充。

　　为了保存肿瘤的形态和提高特殊染色的效果，迅速固定是很重要的。波音液（Bouin）和陈克-福尔马林液（Zenker-formalin）都能满足需要。为确认胰岛细胞，我们建议可用哥莫立苏木紫-玫瑰红铬法（Gomori's chromium haematoxylin-phloxine）和麦生三色法（Masson's trichrome）（也可显示酶原颗粒）。

胰脏肿瘤的组织学分类和命名

Ⅰ. 上皮肿瘤

　A. 胰腺（外分泌腺）

　　1. 腺瘤

　　2. 腺癌

　　　（a）小管（导管）模式

　　　（b）大管（导管）模式

　　　（c）腺泡细胞模式

　　3. 未分化癌

　B. 胰岛（内分泌腺）

　　1. 胰岛细胞腺瘤

　　2. 胰岛细胞癌

Ⅱ. 非上皮肿瘤

Ⅲ. 未分类肿瘤

Ⅳ. 转移性肿瘤

Ⅴ. 瘤样病变

　A. 结节性增生

　B. 胰管增生

　C. 异位胰组织

　D. 囊肿

肿瘤的描述

Ⅰ. 上皮肿瘤

A. 胰腺（外分泌腺）（exocrine pancreas）

1. 腺瘤（adenoma）（图 14-1）

腺瘤的组织学模式不是管状占优势，便是腺泡状占优势。通常外有包囊，并压迫正常组织。管状模式通常具有或小或大的囊状腔隙，其壁上为常含有黏液的立方状或柱状细胞。这些上皮外面则有一薄层胶原基质包围着，有一些乳头状突起伸入腔内。

腺泡模式腺瘤十分罕见，而且大多数腺泡细胞增生物都被认为是一些增生性结节。本研究中曾在猫见到两个这种肿瘤，都比正常小叶大得多。瘤细胞和正常腺细胞相似，并排列成腺泡结构或小团块。胞质红色并呈颗粒状，但着色不如正常酶原颗粒那样深。胞核圆形，呈空泡状，核仁明显，有丝分裂象极少。

2. 腺癌（adenocarcinoma）（图 14-2 至图 14-6）

腺癌有三种完全不同的形态学模式：小管、大管和腺泡细胞。但不管形态学模式和分化程度如何，三者都具有一些共同特征。纤维性包囊的形成从不完整。在高分化的肿瘤中，基质通常比较精细，但亦会是纤维硬化性的，低分化的肿瘤更是如此。癌细胞浸润于基质、邻近的胰组织和局部神经周围的淋巴管中。在临床症状明显之前，通常就会向许多器官转移，但最常见的是肝、局部淋巴结、十二指肠，以及胰周脂肪和网膜。大管模式腺癌似乎不像小管模式腺癌那样容易转移。

（a）小管（导管）模式［small tubular (ductal) pattern］

它们是胰腺腺癌中最大的一类，其分化程度常常在同一个肿瘤内也不一样，但其共同特征是都具有许多小管结构。经常可以见到从高分化到低分化区域的过渡形态。高分化区域的特征是那些小管都有明显的管腔和精细的纤维性基质。癌细胞呈立方状，有中等量的、略嗜酸性并呈颗粒状的胞质；但有些癌细胞则含有大而浓染的颗粒，与酶原颗粒相似。胞核位于基部，通常呈圆形，中等大小，并有中等量的颗粒状染色质，偶尔还有核仁；但也可能大而不规则，内含致密的染色质。有丝分裂象的数量少或中等。

低分化区域含有一些由多边形小细胞构成的实体团块，这种细胞有少量颗粒状胞质，多形性胞核和有丝分裂象较多。在这种低分化区域里经常还可见到小管和导管结构的小灶。在分化程度较低的肿瘤中，基质显得更为丰富，而且常将肿瘤分成若干大细胞巢。在癌细胞团块中央，可能有出血和坏死区。这些低分化区域里，常见的一个显著特征是：大片癌细胞间散在许多透明的组织细胞，形成所谓的"满天星"景象；细胞碎片被吞噬的现象通常也很明显。

（b）大管（导管）模式 [large tubular（ductal）pattern]

这些肿瘤通常整个都是高分化的。胞核位于基部的柱状细胞构成大管状结构，后者偶尔还具有乳头状突起。胞质丰富，染色淡，并含有空泡；或呈细颗粒状，略嗜酸性；也可能内含大而明显的嗜酸性酶原样颗粒。胞核小或中等，圆形，染色质淡，并含有一个核仁。有丝分裂象较少。本研究材料里有一个大管模式肿瘤，内有鳞状细胞分化灶。大多数大管模式肿瘤都有中等量的、从包膜伸展来的基质，把肿瘤分成一些不规则的小叶，有些区域的基质还有广泛的透明变性。

（c）腺泡细胞模式（acinar cell pattern）

具有单纯腺泡细胞模式的肿瘤在文献里有过描述，但相当少见，本研究一次都没遇到。

3. 未分化癌（undifferentiated carcinoma）（图 14 - 7 至图 14 - 9）

这些肿瘤全部是犬的，并且都是上皮性的，没有进一步分化。那些由没有上皮分化的小间变细胞构成的肿瘤，应列为未分类肿瘤。

瘤细胞聚集成大小不同的疏松或实体团块。从圆形到多边形的多形性细胞，体形小或中等大，胞质微嗜酸性。胞核通常中等大，偶尔则较大，圆形或卵圆形，具有中等量或致密的染色质，有时还见一个核仁。具有不规则胞核的奇特大细胞居少数。有丝分裂象数目中等到很多，通常比腺癌多得多。瘤细胞团块外层的纤维血管间隔沿线常有立方状或柱状细胞。瘤细胞间散在透明组织细胞的所谓"满天星"景象几乎是一个总能见到的特征。基质一般都很明显，硬癌会发生中心坏死，从而遗留一些环状的细胞团块；也会有大的完全坏死和出血区。

B. 胰岛（内分泌胰）（endcrine pancreas）

眼观，胰岛细胞肿瘤通常是单个的、圆形或卵圆形结节，质地比周围胰实质稍坚实。大小不同，但最大直径常可达 1.0～2.5cm。据说癌瘤比腺瘤要大些，但其大小与恶性或机能活性的程度无关。腺瘤通常由结缔组织与实质分隔，而癌瘤则不是。

1. 胰岛细胞腺瘤（islet cell adenoma）

这种腺瘤通常有包膜，但包膜不全的经常可使瘤细胞与正常胰组织密切接触。大的纤维组织束会分出精细的纤维血管间隔，把瘤细胞分成小索或小叶。可见到三种基本模式：巨胰岛、条带或小梁和玫瑰花结。巨胰岛模式里的立方和多边细胞与正常胰岛细胞相似。条带模式最为常见，其细柱状细胞都以其纵轴与纤维血管基质呈垂直方向排列，而胞核则成层状。玫瑰花结模式的立方细胞在毛细血管周围排列成放射状。细胞质淡染，呈细粒状，胞膜不清晰，胞核小。有丝分裂象罕见。基质内常有吞噬着铁色素的巨噬细胞。有些腺瘤里还可见到与瘤细胞密切接触的小管。

2. 胰岛细胞癌（islet call carcinoma）（图 14 - 10、图 14 - 11）

胰岛细胞癌的形态与腺瘤很相似，不过癌细胞更为致密，形态多样，大小也不太一致。有时存在小管状结构，一般认为这是肿瘤的一部分。胰岛细胞癌可侵入邻近的胰实质、包膜、血管和淋巴管，并可转移到局部淋巴结和肝脏。

Ⅱ. 非上皮肿瘤

这是一类非常罕见的肿瘤，其形态学特征和来源与别处的软组织肿瘤相同。

Ⅲ. 未分类肿瘤

包括所有不能列入上述各类的肿瘤。

Ⅳ. 转移性肿瘤

在家畜，转移到胰的肿瘤是罕见的。淋巴细胞肉瘤和胆管或十二指肠的肿瘤会波及胰。侵犯胰-

十二指肠区并已发展到后期的癌，其原发部位常不能确定。

Ⅴ. 瘤样病变

A. **结节性增生**（nodular hyperplasia）（图 14－12）

这是大小不同的多发性小结节，但通常不会大于一个正常小叶。其外无包膜，也不压迫邻近的正常实质。它们由排列成腺泡形或不规则片状的细胞组成，这种细胞或者较大，有明显嗜酸性胞质，或者较小而呈立方形，胞质色淡。

本研究所用的猫中，有几个增生性小结节都有小导管样结构，衬以不含酶原的立方细胞。

B. **胰管增生**（hyperplasia of the pancreatic ducts）

这种情况罕见，是胰管上皮向胰管腔呈乳头状生长。

C. **异位胰组织**（ectopic pancreatic tissue）

异位胰组织可见于十二指肠、胃、脾、胆囊和肠系膜中，是一种罕见的情况，不过在犬和猫已有报道。

D. **囊肿**（cysts）

在羔羊曾有过小而多发的潴留性囊肿的报道，其内壁为鳞状或矮立方状上皮细胞。

（金毅、李建唐译，朱宣人、陈怀涛校）

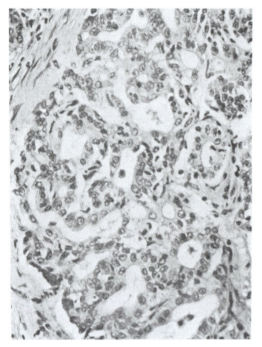

图 14 - 1　胰腺腺瘤，管状模式（猫）

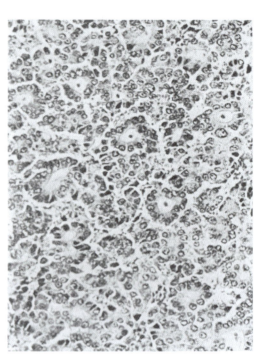

图 14 - 2　腺癌，小管模式（犬）

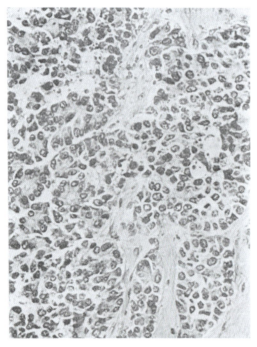

图 14 - 3　腺癌，低分化的区域（犬），
图 14 - 2 的同一病例

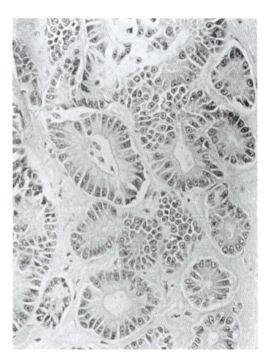

图 14 - 4　腺癌，大管模式（犬）

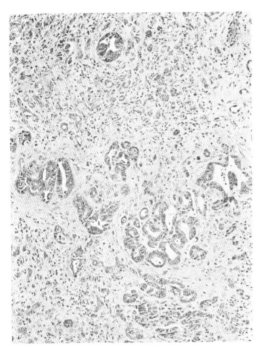

图 14-5　硬化性腺癌（母牛）

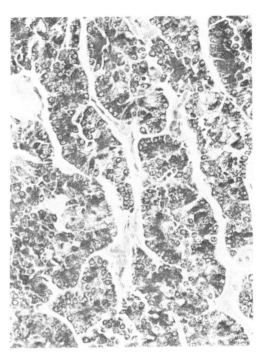

图 14-6　腺癌，酶原颗粒形成（犬），图 14-3
　　　　的同一病例，麦生三色染色

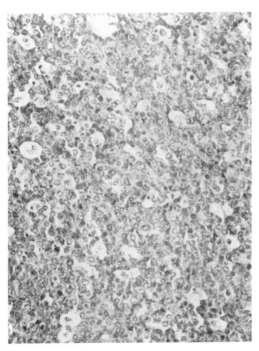

图 14-7　未分化癌，"满天星"景象（犬）

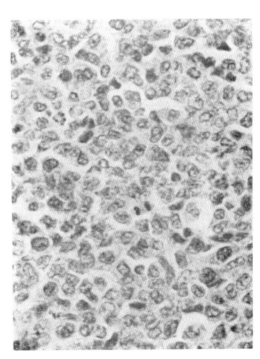

图 14-8　未分化癌（犬）

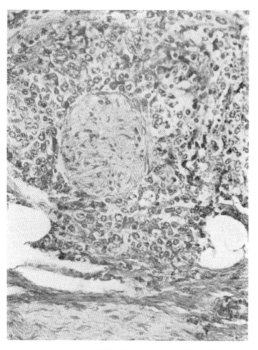

图 14 - 9　未分化癌，神经周围淋巴管的
　　　　　　浸润（犬）

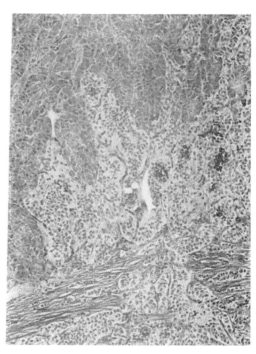

图 14 - 10　胰岛细胞癌，非转移性，侵犯正常
　　　　　　胰组织（犬）

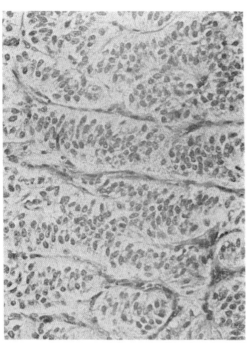

图 14 - 11　胰岛细胞癌，非转移性，条带模式，
　　　　　　图 14 - 10 的同一病例（犬）

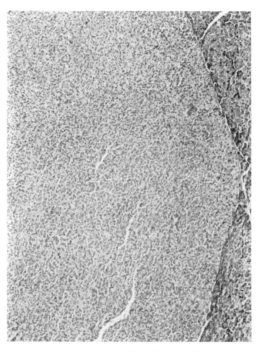

图 14 - 12　结节性增生（猫）

第十五章 卵巢肿瘤

S. W. Nielsen，W. Misdorp 和 K. McEntee

卵巢肿瘤在家畜比较普通，大多数发生在母犬和母牛。无性细胞瘤和畸胎瘤是两种最重要的生殖细胞肿瘤，除畸胎瘤恶性倾向较小外，在形态上和妇女相应的肿瘤相似。颗粒细胞瘤是六种家畜中最常见的性索-基质肿瘤，会含有黄体化区或出现向支持细胞形态的分化。犬乳头状腺瘤和乳头状腺癌与颗粒细胞瘤同样常见，也具有与妇女同种肿瘤相同的一些特征：组织学表现相似，常为两侧性，腺癌易向腹膜种植转移。卵巢囊肿常发生于母犬、母猪和母牛，起源于卵巢内五种不同的解剖结构。

本分类和论述是根据欧洲、加拿大和美国几所兽医学校提供的约 200 例卵巢肿瘤和肿瘤样病变，以及来自纽约州立兽医学院的 321 例卵巢肿瘤做出的。组织学分类的基础主要是形态特征，但也考虑到一些组织发生。对几种家畜雌雄两种性腺的胚胎学和肿瘤发生，曾进行了比较研究，这对为取得统一而简要的组织学分类是有帮助的。大多数肿瘤属于下列三类："上皮"肿瘤、生殖细胞肿瘤和性索-基质肿瘤。在后两类中，卵巢肿瘤的三种类型和它们在睾丸的相对应肿瘤之间，存在着组织学上的相似性。在生殖细胞肿瘤中，卵巢无性细胞瘤与睾丸精原细胞瘤具有同样的组织学表现；在性索-基质肿瘤中，颗粒细胞瘤和黄体瘤则与睾丸的支持细胞瘤和间质细胞瘤相似。

本文所涉及的六种主要家畜，其卵巢肿瘤的全部发生率和出现的肿瘤类型都有显著差别。这些差别中有些是真实的，而另一些则是年龄偏差所致，因为事实上只有三种家畜（猫、犬和马）的母畜被允许活到正常寿命。在有些发展中国家，牛常被饲养到远远超过它们的生产期，所以今后可从许多老龄动物取材研究。另一方面，在工业化的国家里，母牛、母猪和母羊当它们的繁殖能力一旦下降即被屠宰。另一个造成偏差的可能原因是全世界范围内对犬、猫和牛进行的病例检查要比其他三种家畜更多些。

大多数肿瘤见于母犬和母牛。母犬的"上皮"肿瘤和颗粒细胞瘤的发生率相等，而颗粒细胞瘤在母牛、母猫、母马和母猪更要常见些。母羊为研究提供的病例，要比任何一种其他家畜少得多，见到的是畸胎瘤和颗粒细胞瘤。

犬乳头状腺瘤和乳头状腺癌有若干特征与妇女的同种肿瘤相同。它们有同样的组织学表现，常为两侧发生，并且两者的腺癌都易向腹膜种植性转移。

卵巢肿瘤的组织学分类和命名

Ⅰ. "上皮" 肿瘤

  A. 乳头状腺瘤

  B. 乳头状腺癌

  C. 囊腺瘤

  D. 未分化癌

Ⅱ. 生殖细胞肿瘤

  A. 无性细胞瘤

  B. 畸胎瘤

Ⅲ. 性索–基质肿瘤

  A. 颗粒细胞瘤

  B. 卵泡膜细胞瘤

  C. 黄体瘤

Ⅳ. 软组织肿瘤

Ⅴ. 继发 （转移） 性肿瘤

Ⅵ. 未分类肿瘤

Ⅶ. 瘤样病变

  A. 卵巢网腺瘤样增生

  B. 卵巢浆膜乳头状增生

  C. 血管错构瘤

  D. 卵巢囊肿

   1. 格雷夫卵泡囊肿

   2. 黄体化囊肿

   3. 囊性黄体

   4. 表面下上皮 （生发上皮） 囊肿

   5. 囊性网管

   6. 卵巢冠囊肿

肿瘤的描述

Ⅰ. "上皮" 肿瘤

  "上皮" 肿瘤据信是从卵巢表面体腔间皮的"上皮"衍生的。在家畜，它们主要是浆液性的，并代表相当一致的一组肿瘤。根据大小、位置、侵袭性、有丝分裂指数和形态，曾被分为良性肿瘤和恶性肿瘤，但在许多病例这是很武断的一种分法。这组肿瘤常发生在犬的卵巢，而在其他家畜，研究过的卵巢肿瘤比较少。它们相当于人卵巢的浆液性肿瘤。产生黏液的肿瘤极为罕见。发生在妇女卵巢的布伦纳瘤 （Brenner tumour）、透明细胞瘤 （clear-cell tumour） 以及子宫内膜样 （endometrioid） 型卵巢肿瘤在家畜未曾见到过。

  A. **乳头状腺瘤** （papillary adenoma） （图 15 - 1）

  这些肿瘤经常是两侧发生，多半位于卵巢上或其表面附近，呈花椰菜样病变。镜检时，可见到由小多边形、立方形或有纤毛的柱状细胞形成的长乳头状小叶或较短的指状突起。基质稀少，是由血管网组成的，上面有一层细胞。在有些肿瘤，这些细胞排列为假腺体状，具有不规则的小腔，内含蛋白性液体。

  B. **乳头状腺癌** （papillary adenocarcinoma） （图 15 - 2、图 15 - 3）

  这是犬的一种很常见的卵巢肿瘤。常两侧发生，其组织学表现很像良性乳头状腺瘤。二者之间不易制订鉴别标准，本分类用的是：①肿瘤的大小。②有丝分裂活性的高低。③是否向卵巢基质侵犯。④有无向卵巢囊和附近的腹膜蔓延而经常引起种植性转移。这种细胞呈立方形，位于精细的基质间隔上，常有由细胞构成的指状突起伸入囊样微腔内，腔内含有清亮或粉红色蛋白性液体。在罕见情况下，肿瘤细胞内含有黏蛋白或呈明显鳞状转变 （腺棘皮癌）。

  C. **囊腺瘤** （cyst adenoma）

  在犬和猫都曾见到过囊腺瘤，显然起源于卵巢网。它是由许多薄壁的囊组成的，囊的直径可达几厘米，内含清亮水样液，壁上衬以立方到扁平状上皮。

D. 未分化癌（undifferentiated carcinoma）

凡是根据形态学不属于任何已知的细胞类型的癌瘤均属此类。

II. 生殖细胞肿瘤

生殖细胞肿瘤起源于卵巢的原始生殖细胞。家畜有两种属于此类的肿瘤：无性细胞瘤和畸胎瘤。前者的瘤细胞不能进一步做组织发生上的分化，而在畸胎瘤内，它会分化并成长为身体的各种结构，结果形成两种或更多的生发层并出现皮肤、肌肉、脂肪、骨、神经组织等。在家畜，虽然尚无胚胎癌的报道，但在某些肿瘤观察到的表现，表明它们是存在的。

A. 无性细胞瘤（dysgerminoma）（图 15 - 4 至图 15 - 7）

无性细胞瘤*最常发生在母犬和母猫。可长得很大，通常是坚实而分叶的团块，有出血和坏死区。有 10%～20%发生转移，很少分泌激素。这种肿瘤是由一致的圆形或多边形大细胞构成的，胞质淡染。瘤细胞与公畜的精原细胞瘤极为相似。核大呈空泡状，粗糙的染色质均匀分散在整个核内。常可见到有丝分裂象和巨细胞。这些瘤细胞呈弥漫性或小岛状和索状排列。纤维性基质数量不一，但通常很少。肿瘤里常有淋巴细胞在血管周围积聚或在其他部位形成结节。常发生坏死。偶见具有胞质透明的大组织细胞分散在整个肿瘤，形成所谓"满天星"的景象。

B. 畸胎瘤（teratoma）（图 15 - 8 至图 15 - 10）

畸胎瘤在六种家畜都很少见。它含有来自两个或三个胚层的正常或瘤组织的混合物，可能为实体或囊状，内含毛、皮肤、软骨、骨、牙齿或肌肉。可长得很大，也会转移，但比妇女的畸胎瘤恶性程度低。皮样囊肿是囊性畸胎瘤的一种特殊形式，有一个或一个以上衬以表皮和表皮附器的囊腔，其内堆积着由表皮附器产生的皮脂、汗液和毛发。

III. 性索-基质肿瘤

性索-基质（sex cord-stromal）肿瘤也称为性腺基质或性索间叶肿瘤。这些名称用来指明性索中颗粒细胞瘤与支持细胞瘤和卵巢基质细胞中卵泡膜细胞瘤的来源。这些肿瘤分类的依据是占优势的细胞的类型和形态。性索-基质肿瘤的特征决定于同一肿瘤内若干细胞类型同时出现的次数。颗粒细胞瘤可能里面有支持细胞或黄体细胞成分。黄体瘤或许是从卵泡膜细胞或颗粒细胞发展而来的。其中很多肿瘤能产生类固醇激素（雌激素和/或孕酮），会给家畜带来慕雄狂或雄性化效应。除母犬外，它们是所有被研究的家畜中最常见的卵巢肿瘤，而乳头状瘤在母犬的发生率是相同的。母猫和母犬的颗粒细胞瘤经常是恶性的，前者一半以上会发生转移，后者大约有 20%发生转移。黄体细胞瘤、卵泡膜细胞瘤和具有支持细胞模式的颗粒细胞瘤常是良性的。

A. 颗粒细胞瘤（granular cell tumours）（图 15 - 11 至图 15 - 16）

这是所有家畜的一种普通肿瘤，发生在一侧。常呈大而分叶的致密团块，切面黄白色，常有囊肿、出血和/或坏死。它由类似正常而一致的颗粒细胞群所组成，胞质淡染，缺乏可见的细胞边界，核圆形或卵圆形，不居中，有丝分裂象或少或无。这些细胞可排列成：①弥漫的肉瘤模式；②长条或小岛状，外由结缔组织分隔；③滤泡模式，即细胞可汇集在清亮的间隙或蛋白质性物质小灶的周围，很像人颗粒细胞瘤的卡尔-艾克斯纳体（Call-Exner bodies）。在良性小肿瘤内特别容易见到这种小体。

颗粒细胞向各个不同方向分化，并且会有支持细胞模式区或黄体化区。猫的颗粒细胞瘤常是恶性的，临床时常表现显著的雌激素过多现象。在母犬曾见过囊肿性子宫内膜增生。

有些颗粒细胞瘤的模式与睾丸的支持细胞瘤相似，因为存在若干过渡状态，很难与单纯的颗粒细胞瘤相鉴别。这种支持细胞瘤是由清亮、梭形或高三角形细胞所组成，细胞在基底膜上排列成柱状或

---

* 现称生殖细胞癌。——译者注

管状。胞质里含有脂肪小滴，其边缘常不清楚。核小，着色浅，有丝分裂象少或无。在这些肿瘤通常检测不到激素分泌，但它们是有可能产生雌激素或雄激素的。

B. 卵泡膜细胞瘤（thecoma）（图 15 - 17 至图 15 - 19）

此瘤由边缘不清的梭形或星形细胞所组成，细胞常交织排列成束。核形状不一，从卵圆形到长形或梭形。胞质色淡，泡沫状，含有脂质小滴。常呈良性，膨胀性生长，无转移。可产生雌激素，特别是母牛。

C. 黄体瘤（luteoma）（图 15 - 20 至图 15 - 22）

黄体瘤很少见，但曾见于母牛、母犬和母猫。它们可能很大，黄褐色，是由一群大而一致的像黄体细胞那样的黄体化细胞组成的。家畜有两种不同的黄体瘤：脂质细胞瘤和间质细胞样瘤（leydig-like tumour）。

脂质细胞瘤曾见于猫，它们由大而一致的细胞群所组成，细胞里充满脂质，很像肾上腺皮质细胞，核小而边界清楚。这种瘤究竟是发生于卵巢的基质细胞还是来自肾上腺皮质附属组织，尚未确定，这种附属组织偶见于猫。

在家畜已见过少数间质细胞样瘤的病例。细胞的大小和形态均匀一致，呈多边形，边缘清楚。胞质色深，颗粒状，内有很多充满脂质的空泡。胞核小，卵圆形，深染，具有小而偏心的核仁和少数有丝分裂象。纤维性基质常很精细，并含有很多小血管；在某些肿瘤，它会变得很厚并发生玻璃样变，还能使肿瘤细胞形成假小叶模式的倾向。这种肿瘤的细胞质会全部充满脂质，会使家畜发生雄激素效应。

Ⅳ. 软组织肿瘤

这些肿瘤和身体其他部位发生的软组织肿瘤有同样的表现，应按软组织肿瘤分类。最普通的是血管、纤维组织和平滑肌的肿瘤。

Ⅴ. 继发（转移）性肿瘤

肿瘤向卵巢转移在家畜是很罕见的。最常见到向卵巢转移的肿瘤是母犬和母猫的乳腺癌、肠癌和胰癌，母牛的子宫癌和肠癌，母犬、母猫、母猪、母牛和母马的淋巴肉瘤。

Ⅵ. 未分类肿瘤

这个名称是用来命名不能归入上述任何类型的良性和恶性肿瘤。

Ⅶ. 瘤样病变

A. 卵巢网腺瘤样增生（adenomatous hyperplasia of rete ovarii）

这是一种罕见的病变，最多见于母犬。在卵巢中心或包膜下，由上皮索形成腺体样结构。对其可能成为癌前病变及可能表现的功能，尚不了解。

B. 卵巢浆膜乳头状增生（papillary hyperplasia of ovarian serosa）

长期的雌激素刺激可引起卵巢浆膜的乳头状增生；病变常是两侧性的。

C. 血管错构瘤（vascular hamartoma）

卵巢血管的先天性异常是罕见的，但会发生在母牛、母猪和母犬。表现为局部动脉和静脉弯曲，外有纤维组织包围。受害血管常有血栓形成，随后常有明显的瘢痕形成和含铁血色素沉着。

D. 卵巢囊肿（ovarian cyst）

囊肿形成在家畜卵巢里是很常见的，特别是母犬、母猪和母牛。这种囊肿能从若干不同的解剖结构发展而来，确定组织发生很困难，需要对囊壁制作许多切片然后仔细镜检。囊壁既薄而又萎缩的陈旧大囊肿镜检会特别困难。如经仔细研究只在囊壁发现纤维组织，则称为"单纯囊肿"。

1. 格雷夫卵泡囊肿（graafian follicle cysts）

该囊肿可能是孤立的或多发的，是在大多数家畜中最常见的类型，而在母牛和母猪特别常见并且很重要，可能会引发慕雄狂症状。它们发生在不能破裂或闭锁的卵泡里，含有清亮的液体，大小悬殊。小囊肿的壁里会有多层颗粒细胞；较大的可能是由单层立方或扁平细胞构成的。囊肿的某些部分见不到颗粒细胞。

2. 黄体化囊肿（luteinized cysts）

该囊肿发生在不能排卵和卵泡内膜发生黄体化的成熟卵泡中。囊的内壁有一层黄体组织。卵巢表面没有排卵过程遗留的凸起。囊腔呈球形。

3. 囊性黄体（cystic corpus luteum）（图 15-23）

卵巢能发生排卵，但卵泡破裂区过早封闭，将液体阻滞在黄体的中心。局部存留一个排卵凸起，囊肿的轮廓不规则。

4. 表面下上皮（生发上皮）囊肿［subsurface epithelial（germinal）cysts］（图 15-24）

在母马和老龄母犬都比较普通，但可能在母马最为重要。卵巢可转变为蜂窝状团块，是由位于卵巢皮层的很多小囊肿组成的，或许是腹膜和输卵管性来源，内壁为立方或柱状上皮。

5. 囊性网管（cysric rete tubules）（图 15-25）

该囊肿在大多数家畜都会发生，但最常见于母犬和母猫。网管位于卵巢门。随着网管囊性扩张的加重，卵巢皮层就会受压。囊肿壁缺乏平滑肌是一种有用的标志，以此可与囊性中肾管相区别，而后者有肌肉包围。

6. 卵巢冠囊肿（parovarian cysts）（图 15-26）

位于卵巢冠。可能为一个或多个，直径小者几毫米，大者几厘米，出现在卵巢系膜组织或输卵管系膜中。这种囊肿来源于中肾管，内有清亮液体，衬以立方状细胞。囊肿外有平滑肌包围。前中肾管（卵巢冠）是中肾残余，通常能变为囊肿性。这些结构位于靠近输卵管伞部的侧极。在母马，囊肿的直径可达 6～8cm。

（陈万芳译，朱宣人、朱坤熹校）

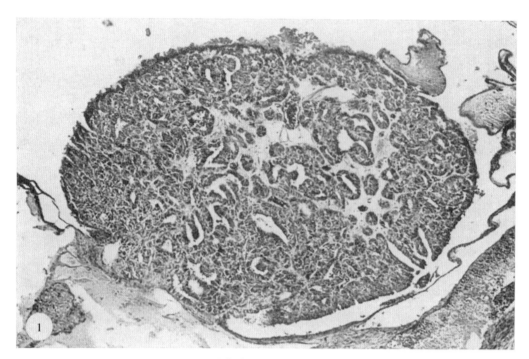

图 15-1　卵巢表面的乳头状腺瘤（母犬）

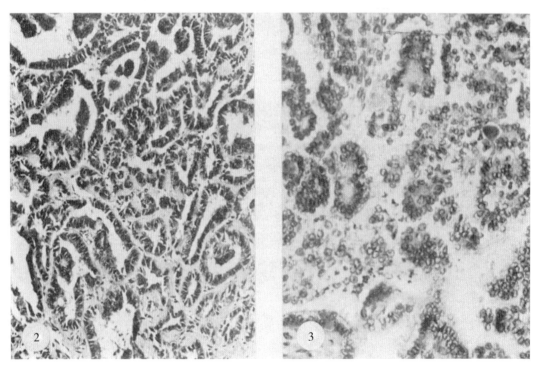

图 15-2、图 15-3　乳头状腺癌（母犬）

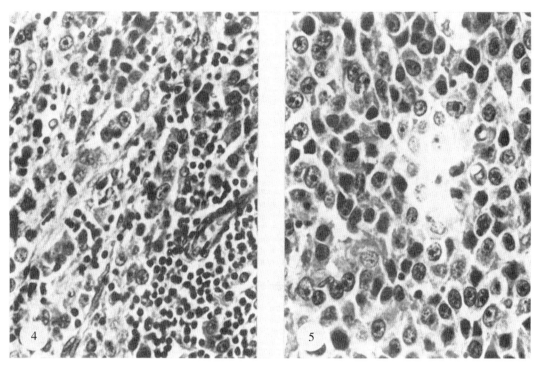

图 15-4、图 15-5　有淋巴细胞浸润的无性细胞瘤（母牛）

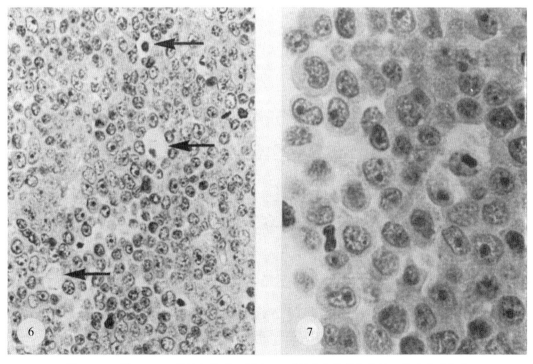

图 15-6、图 15-7　无性细胞瘤（母犬），可见大空泡状细胞核、许多分裂象和
一些空泡化的组织细胞（箭头）

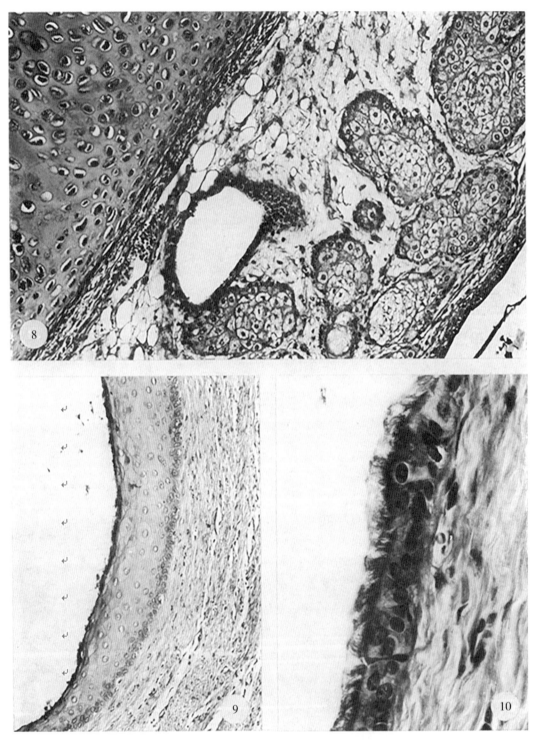

图 15-8~10　畸胎瘤，具有发育良好的皮脂腺和软骨（图 15-8），可见囊肿衬以
鳞状细胞（图 15-9）和高柱状纤毛上皮（图 15-10）

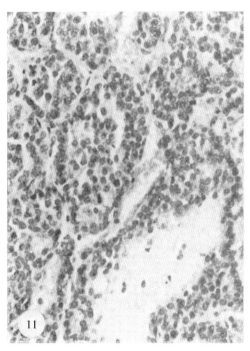

图 15-11　颗粒细胞瘤，瘤细胞组成小叶，
形成的蛋白充满微囊性间隙

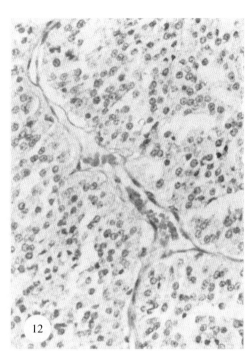

图 15-12　颗粒细胞瘤，呈实性分叶状，
瘤细胞质丰富，呈嗜酸性

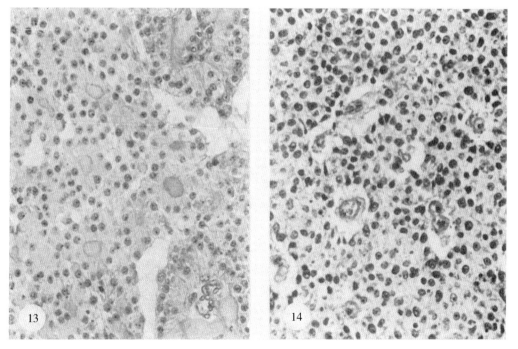

图 15-13、图 15-14　具有卡尔-艾克斯纳体的颗粒细胞瘤，图 15-13 为高分化的
良性小肿瘤，图 15-14 为低分化的恶性肿瘤

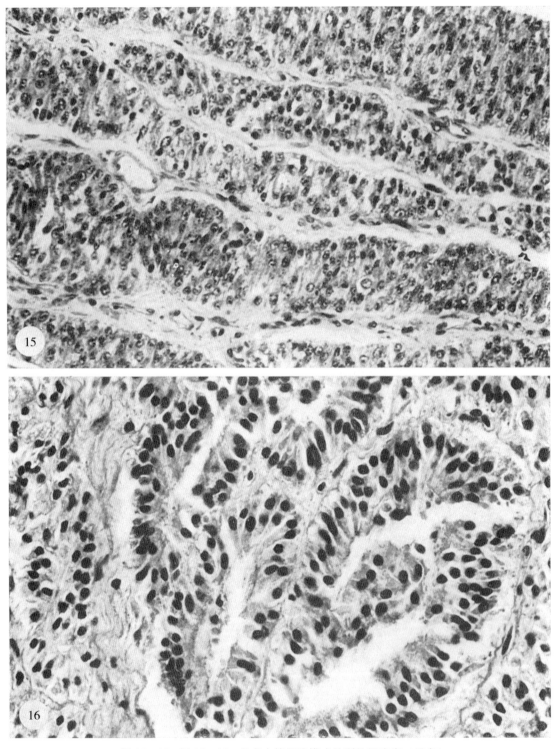

图 15 - 15、图 15 - 16　具有支持细胞模式的颗粒细胞瘤（母犬）

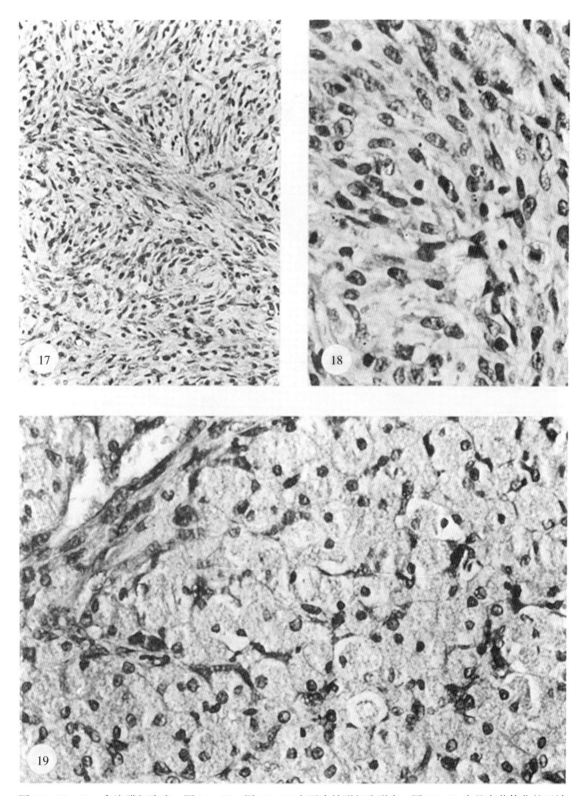

图 15 - 17～19　卵泡膜细胞瘤，图 15 - 17、图 15 - 18 主要为梭形细胞形态，图 15 - 19 为具有黄体化的区域

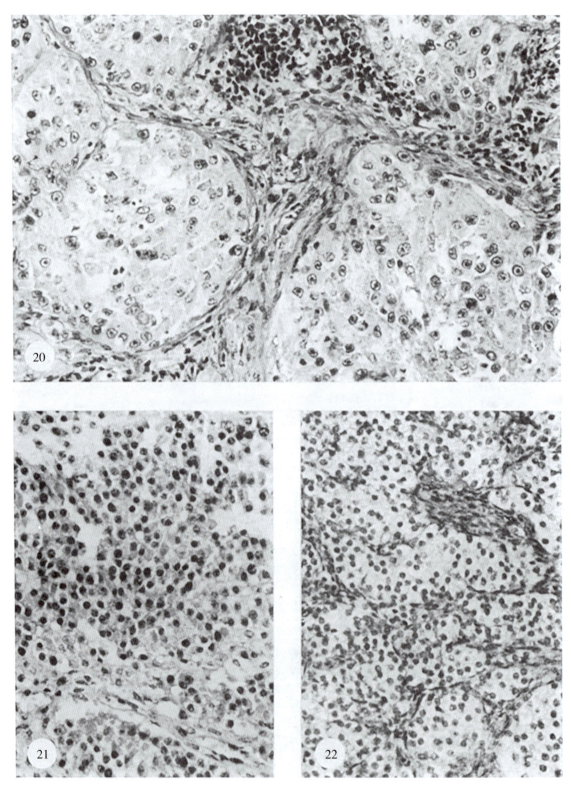

图 15 - 20～22　具有间质细胞模式的黄体瘤

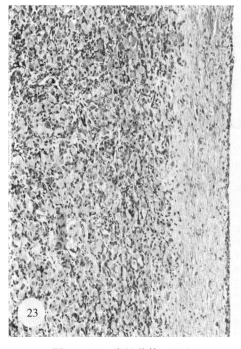

图 15 - 23　囊性黄体（母牛）

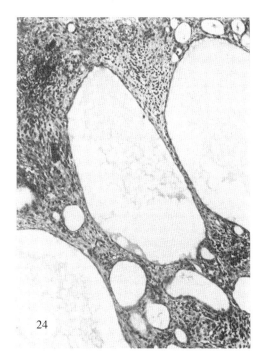

图 15 - 24　表面下上皮囊肿（母犬）

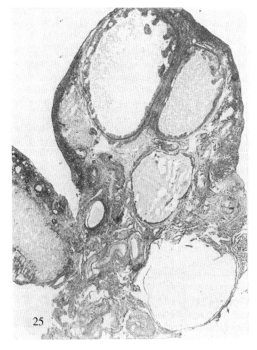

图 15 - 25　囊性网管（母犬）

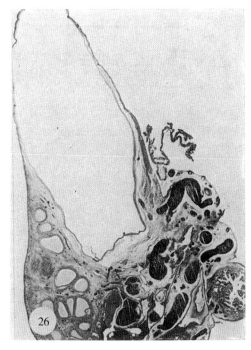

图 15 - 26　卵巢冠囊肿（母猫）

第十六章 雌性生殖道肿瘤

K. McEntee 和 S. W. Nielsen

雌性管状生殖道的肿瘤比较少见，而母牛和母犬的平滑肌瘤、母牛的子宫癌和阴道纤维乳头状瘤以及母犬的传染性性病瘤则为例外。母牛的子宫腺癌是高度硬性癌，通常在转移至盆腔淋巴结和肺之前，很少有肉眼可观察到的病变。母猫和母犬也会发生子宫癌，但不像母牛那么常见；当发生时，主要表现为散在性高分化的非硬化性腺癌团块。纤维乳头状瘤是由寻常疣病毒引起的，可传播到公牛的阴茎。子宫腺肌症在母猫、母牛和母犬比较常见。宫颈癌的发生率在人和其他哺乳动物有显著差异，在后者我们未发现一例明确的原发性宫颈癌。累及子宫颈的侵袭性癌有过少量报道，但可能是从子宫癌或阴道癌转移而来的。

本分类讨论的肿瘤只涉及雌性管状生殖道，不包括卵巢和外阴皮肤部分。卵巢因其肿瘤种类繁多而另立一章，外阴皮肤的肿瘤类型与其他有毛皮肤的相同，详见第七章和第八章。

雌性管状生殖道的肿瘤在家畜比较少见，而母牛和母犬的平滑肌瘤、母牛的外阴-阴道纤维乳头状瘤以及母犬的传染性性病瘤则为例外。人与家畜宫颈癌的发生率有显著差异；在家畜中未发现明确的原发性宫颈癌病例。虽然有过少量关于累及子宫颈的侵袭性癌的报道，但可能是从子宫癌或阴道癌转移来的。

雌性生殖道肿瘤的组织学分类和命名

I. 输卵管肿瘤

  A. 上皮肿瘤

    1. 腺瘤

    2. 腺癌

  B. 间叶肿瘤

    1. 脂肪瘤

  C. 瘤样病变

II. 子宫肿瘤

  A. 上皮肿瘤

    1. 腺瘤

    2. 腺癌

  B. 间叶肿瘤

    1. 纤维瘤

    2. 纤维肉瘤

    3. 平滑肌瘤

    4. 平滑肌肉瘤

    5. 脂肪瘤

    6. 淋巴肉瘤

  C. 未分类肿瘤

  D. 瘤样病变

    1. 子宫腺肌症

    2. 囊性子宫内膜增生

    3. 子宫内膜息肉

    4. 淋巴管扩张

    5. 中肾管囊肿

    6. 浆膜囊肿

    7. 胎盘位点复旧不全

    8. 鳞状化生

III. **子宫颈肿瘤**
  A. 纤维瘤
  B. 平滑肌瘤
  C. 肉瘤
  D. 未分类肿瘤
  E. 瘤样病变
    1. 上皮包入性囊肿
    2. 纤维化
    3. 鳞状化生
IV. **阴道和外阴肿瘤**
  A. 上皮肿瘤
    1. 乳头状瘤
    2. 鳞状细胞癌
  B. 纤维乳头状瘤（纤维瘤）

C. 平滑肌瘤
D. 传染性性病瘤
E. 淋巴肉瘤
F. 纤维肉瘤
G. 血管肿瘤
H. 恶性黑色素瘤
I. 未分类肿瘤
J. 瘤样病变
  1. 卵巢冠纵管囊肿
  2. 前庭大腺囊肿
  3. 颗粒性阴道炎
  4. 疝性脂肪组织
  5. 发情期外阴水肿

肿瘤的描述

I. 输卵管肿瘤

除家禽外，输卵管肿瘤在各种家畜都是极为罕见的。用作研究的只有母犬的 3 例和母马的 1 例。在母猫、母羊、母猪和母牛都没有发现。

A. 上皮肿瘤（epithelial tumours）

1. 腺瘤（adenoma）

对母犬卵巢附近状似花椰菜团块的两个肿瘤进行了研究。组织学上，它们都是一些相当成熟的上皮所构成的乳头状生长物（图 16-1）。在其他区域，有中等量的纤维组织和平滑肌成分（图 16-2）。必须研究更多的病例，才能对此做出更确切的分类。

在母马只研究过一个病例。肉眼检查时，可见一个大的乳头状组织团块，附着在输卵管的伞部。组织学上与正常输卵管很相似。

2. 腺癌（adenocarcinoma）

一例犬的输卵管上皮肿瘤是通过种植性播散到腹膜腔的，组织学上它很像上述的犬腺瘤。

B. 间叶肿瘤（mesenchymal tumours）

1. 脂肪瘤（lipoma）

这是母犬卵巢囊的一种罕见肿瘤，是由明显成熟的大量脂肪组织构成的。

C. 瘤样病变（tumour-like lesions）

附着于输卵管伞部的副中肾管（Müller duct）囊肿，在所有家畜都可经常见到。它们是输卵管盲端附件，在大家畜中，直径可达到数厘米。所谓"莫尔加尼囊"（hydatid of Morgagni）就是一个大的囊性输卵管附件。

Ⅱ. 子宫肿瘤

A. 上皮肿瘤（epithelial tumours）

1. 腺瘤（adenoma）（图 16 – 3）

这是一种少见的肿瘤，是一些由高分化的子宫内膜腺组织构成的散在性结节。有数量不同的纤维基质，与腺肌瘤（adenomyoma）类似。可形成息肉样突起伸入子宫腔。

2. 腺癌（adenocarcinoma）（图 16 – 4 至图 16 – 8）

除母牛和母兔外，这种肿瘤在其他各种家畜是罕见的。在母牛，它是三种最普通的肿瘤之一，仅次于淋巴瘤和眼癌。它发生在老年母牛（常超过 6 岁），通常是一种隐蔽的病变，临床不能发现，除非在淋巴结和肺出现大量转移。当进行肉品检验时，子宫内只见很小的肉眼变化，子宫壁弥漫性增厚，切面可见白色坚硬结节。组织学上，牛的呈一种硬性腺癌，弥漫性侵犯子宫壁各层，在整个肌层可见散在的一丛丛瘤细胞，常出现在肌束之间，有时在血管腔隙内。在侵袭的同时可伴随明显的纤维化。向髂内淋巴结和肺的转移率很高。

在母犬和母猫，此瘤是一种非硬化性腺癌，通常会发生一个使黏膜变形的明显团块。肿瘤组织常是一些高分化的腺体结构，具有明显的管腔形成，衬以高柱状细胞。

B. 间叶肿瘤（mesenchymal tumours）

1. 纤维瘤（fibroma）

纤维瘤是发生于子宫壁的良性肿瘤，质硬，白色，呈球形，偶尔见于母犬和母牛。可单发或多发，由大量致密的胶原纤维组织构成。

2. 纤维肉瘤（fibrosarcoma）

在绝大多数动物这是一种非常罕见的肿瘤，只有少量病例在母牛、母马和母犬被报道。它与第八章软（间叶）组织肿瘤所描述的纤维肉瘤具有相同的形态学特征。

3. 平滑肌瘤（leiomyoma）（图 16 – 9）

平滑肌瘤是子宫肌层的一种良性肿瘤，质硬，褐色，呈结节状，最常见于母牛、母猫和母犬。肿瘤由相互交织的平滑肌细胞束组成，其中常夹杂胶原纤维。许多较大的肿瘤其中央可发生坏死。

4. 平滑肌肉瘤（leiomyosarcoma）（图 16 – 10）

平滑肌肉瘤很少见，但在母猫、母牛、母犬和母马有过报道。此瘤很像平滑肌瘤，但细胞数量更多，胞核大而深染，有中等数量的核分裂象。

5. 脂肪瘤（lipoma）

这是一种发生于母犬子宫阔韧带的罕见肿瘤，由成熟的脂肪细胞组成。还未发现过脂肪肉瘤。

6. 淋巴肉瘤（lymphosarcoma）

这种肿瘤在母牛相当常见，但在母犬、母猪、母马和母猫很少见。它与第二章造血和淋巴组织里描述的淋巴肉瘤具有相同的形态学特征。

C. 未分类肿瘤（unclassified tumours）

这些是不能归入上述任何一类的肿瘤。

D. 瘤样病变（tumour-like lesions）

1. 子宫腺肌症（adenomyosis）（图 16 – 11）

子宫腺肌症是指在子宫肌层中出现子宫内膜。有基质支持的子宫内膜腺常靠近大血管。这种病变不应与只有灵长类动物（包括某些实验猴）发生的子宫内膜异位症（internal endometriosis）相混淆。子宫腺肌症可发生在各种家畜，但最常见于母猫、母牛和母犬。

2. 囊性子宫内膜增生（cystic endometrial hyperplasia）（图 16 – 12 至图 16 – 14）

这种增生可能是雌激素或孕激素刺激的结果，这取决于所涉及的家畜种类。在母羊和母牛，其与雌激素持续性刺激有关，而雌激素来自卵巢分泌、注射或摄入地三叶草。

在母犬，子宫内膜增生在形态上有三种不同的类型：囊性增生-子宫积脓复征，其主要原因是孕酮；囊性增生，这是由于某些雌激素化合物引起的；假孕。猫的囊性增生-子宫积脓复征也是由孕酮引起的。

母猪和母马的囊性子宫内膜增生其原因尚未确定。

3. 子宫内膜息肉（endometrial polyp）

子宫内膜息肉是子宫内膜腺和间质成分的一种局灶性增生，见于母犬和母猫。间质常有水肿。

4. 淋巴管扩张（lymphangiectasia）

广泛的淋巴管扩张发生在老年母马的子宫体腹侧部。

5. 中肾管囊肿（mesonephric duct cysts）

中肾管的残余会持续存在于各种家畜子宫系膜和子宫肌层中。在母犬和母牛曾发现过大的囊性残余。其上皮细胞通常为立方形，胞质透明。有两层肌膜围绕着衬以上皮的管道。

6. 浆膜囊肿（serosal cysts）

衬以腹膜的囊肿发生在以前怀过孕的成年或老龄母牛和母犬的子宫浆膜中。在母犬，以子宫系膜对侧最为明显；而在母牛，则在角间韧带上最明显。

7. 胎盘位点复旧不全（subinvolution of placental sites）（图 16 - 15）

这种情况大多发生在 3 岁以下的母犬，其仔犬出生后母犬持续排血。肉眼检查子宫可见胎盘附着部位肿大。肿大区域基质中出现具有丰富嗜酸性胞质的大细胞，这些大细胞团块的周围是淋巴细胞、浆细胞和载有含铁血黄素的巨噬细胞。这种嗜酸性大细胞有时侵入子宫肌层，其起源尚未确定，可能是滋养层衍生的。

8. 鳞状化生（squamous metaplasia）（图 16 - 16）

子宫内膜表面的鳞状化生可发生在多种家畜某些子宫积脓的病例，也见于大量氯化萘引起中毒的母羊。整个子宫内膜都可能变为鳞状组织。

Ⅲ. 子宫颈肿瘤

A. **纤维瘤**（fibroma）

与子宫的纤维瘤相似。

B. **平滑肌瘤**（leiomyoma）

与子宫的平滑肌瘤相似。

C. **肉瘤**（sarcomas）

纤维肉瘤、平滑肌肉瘤和淋巴肉瘤偶尔发生于子宫颈。

D. **未分类肿瘤**（unclassified tumours）

是一些不能归入上述任何一类的肿瘤。

E. **瘤样病变**（tumour-like lesions）

1. 上皮包入性囊肿（epithelial inclusion cysts）

这是随着损伤而发生的上皮囊肿，囊壁内衬立方至扁平的子宫颈上皮细胞。

2. 纤维化（fibrosis）

母牛和母猪反复怀孕后子宫颈可发生纤维化。子宫颈形成皱襞，尤其是靠近阴道的部位。因为分娩时受到损伤，纤维组织会发生弥漫性增生，增大的皱襞就会突入阴道。

3. 鳞状化生（squamous metaplasia）

鳞状化生是随雌激素的长期刺激而发生的，也可在脱垂的子宫颈纤维化皱襞的顶端发生。

Ⅳ. 阴道和外阴肿瘤

阴道和外阴黏膜部分的肿瘤与阴茎和子宫黏膜的那些肿瘤具有相似的形态学表现。读者可参考这两个部位的肿瘤分类。

A. 上皮肿瘤 (epithelial tumours)

1. 乳头状瘤 (papilloma)

这是一种少见的上皮角化的良性乳头状肿瘤，纤维基质少。常很小，但偶尔也可很大。肿瘤基部常有淋巴浆细胞浸润。猪有一种病毒引起的乳头状瘤，由交配传播。

2. 鳞状细胞癌 (squamous cell carcinoma)

这是恶性的鳞状细胞乳头状瘤，由大上皮细胞组成，可见细胞间桥和角蛋白形成。角蛋白表现为珍珠状，或在分化程度差的癌中表现为单个的细胞角化。它最常见于母牛、母马和母犬。绝大多数肿瘤呈花椰菜状肿块，发生在外阴皮肤与黏膜交界处或附近。这种肿瘤侵袭性很大，容易向腹股沟浅、深淋巴结及肺转移。如果采集的活检材料很少，则很难鉴别鳞状上皮乳头状瘤和鳞状细胞癌。

B. 纤维乳头状瘤 (纤维瘤) (fibropapilloma, fibroma)

这是一种良性肿瘤，主要由成纤维细胞组成，但也伴有明显的上皮增生，不仅在表面，而且深入到纤维瘤的中心，这类似于某些类型龈瘤的假上皮瘤性增生。成纤维细胞与不同数量的胶原纤维交织成束。如活检材料很少，则很难区分纤维肉瘤与快速生长的纤维乳头状瘤。此瘤常呈蕈状，由一宽阔基部或一长柄连接，长柄会使部分肿瘤突出外阴。肿瘤通常很小，直径不到 3cm，但也可长得很大。它们的存在会因疼痛或机械性干扰而严重影响交配。常见溃疡和出血，尤其是较大的肿瘤。常能自发消退。

纤维乳头状瘤可经无细胞物质实验性传播到阴茎或阴道黏膜。这种致病性病毒可能就是牛皮肤疣（寻常疣）的病原。犊牛比老年牛易感，表明可以获得免疫。

C. 平滑肌瘤 (leiomyoma)

平滑肌瘤是阴道壁的良性肿瘤，质硬，白色，呈结节状。最常见于母犬。肿瘤是由交织的平滑肌细胞束组成的，常夹杂有胶原纤维。这些肿瘤看起来与子宫平滑肌瘤相同。

D. 传染性性病瘤 (transmissible venereal tumour)

这种肿瘤是由在黏膜下形成弥漫性团块或条片的肿瘤细胞组成的。瘤细胞常会向上扩延到黏膜的生发层。表面上皮常有增生，偶有溃疡。含有血管的纤维结缔组织小梁以不规则的方式穿越于肿瘤组织，为其提供支架作用，血管经常发生充血。大部分肿瘤细胞彼此紧密相连，以致细胞界限很难确定。在细胞不太密集的区域，可看到明显的卵圆形或圆形细胞质轮廓。瘤细胞胞质丰富，暗嗜酸性，呈细网状，常呈泡沫样外观；胞核大，圆形至卵圆形，偶呈 U 形。染色质点彩很细，每个核内常可见到一个明显的核仁。常见核分裂象。有些肿瘤可见淋巴细胞和浆细胞，另一些却没有；有些肿瘤还有少量嗜酸性粒细胞。偶尔会有局部淋巴结转移，这些表现与原发性肿瘤相似。肿瘤常在 2 个月内自发消退。

这种肿瘤在 150 年前有人首先在欧洲描述过，现已广布全球，在中美洲和东南亚呈地方性流行；但在美国北部、加拿大和北欧只有少数母犬患病。此瘤是由完整的细胞通过舔咬、交配或实验注射而传播的。肿瘤细胞的染色体众数*（59 条）比正常犬细胞（78 条）的少。

E. 淋巴肉瘤 (lymphosarcoma)

这种肿瘤常发生于母牛，而在母犬、母猪和母猫极少见到。其与造血和淋巴组织的淋巴肉瘤具有相同的形态学特征。

F. 纤维肉瘤 (fibrosarcoma)

这种肿瘤在多种家畜都很少见，只有少数病例在母牛、母马和母犬有过报道。其与软（间叶）组织的纤维肉瘤具有相同的形态学特征。

G. 血管肿瘤 (vascular tumours)

血管瘤和血管肉瘤罕见，其与软（间叶）组织的这类肿瘤具有相同的形态学特征。

---

* 众数即出现最多时的数目。——译者注

H. 恶性黑色素瘤（malignant melanoma）

这是一种容易在灰色老年母马中见到的肿瘤，在外阴和会阴部出现大结节状并伴发溃疡的黑色素瘤团块。组织学分类见第七章中皮肤的恶性黑色素瘤。

I. 未分类肿瘤（unclassified tumours）

这些都是不能归入上述任何一类的肿瘤。

J. 瘤样病变（tumour-like lesions）

1. 卵巢冠纵管囊肿（cysts of Gartner's ducts）

中肾管在阴道的部分通常称为卵巢冠纵管，又称加特内（Gartner）管。囊性卵巢冠纵管在从未交配的母畜非常罕见，但在多产并曾发生过阴道感染的家畜中常可见到。在萘中毒的病例，该管会发生鳞状化生和囊肿形成。

2. 前庭大腺囊肿（cysts of Bartholin's glands）

这些前庭大腺（即巴多林腺）位于阴道的侧壁内，可因导管闭塞而出现囊肿。其可发生在炎症或化生过程之后，在母牛也可与卵巢囊肿伴发。

3. 颗粒性阴道炎（granular vaginitis）

这种阴道炎是母牛的一种常见疾病，在黏膜下层可发现淋巴滤泡，导致阴道和外阴黏膜的结节状白色隆起。

4. 疝性脂肪组织（herniated adipose tissue）

当过度肥胖的奶牛分娩时，其外阴与阴道的交接处会被撕裂，从而使会阴部的一块脂肪组织突入生殖道的腔内。其突出部的表面被肉芽组织所覆盖。

5. 发情期外阴水肿（oestrual oedema of the vulva）

在母犬发情期，外阴有时会发生很大一块局部水肿，水肿组织块常突出于外阴。尽管这种状况曾被称为外阴增生和肥大，但主要的病变是上皮下结缔组织的水肿。慢性病例会发生纤维化。

参考文献（原文）

Weiss，E. & Frese，K. Bulletin of the World Health Organization，50：79-100（1974）.

Weiss，E. Bulletin of the World Health Organization，50：101-110（1974）.

Jarrett，W. F. & Mackey，L. J. Bulletin of the World Health Organization，50：21-34（1974）.

（吕英军译，鲍恩东、陈怀涛校）

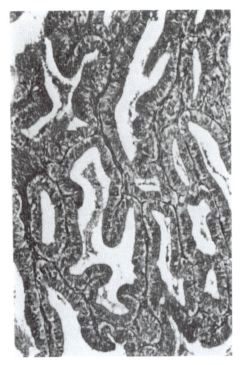

图 16-1　输卵管腺瘤（母犬）

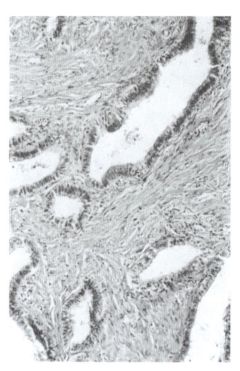

图 16-2　伴有纤维-平滑肌成分的输
卵管腺瘤（母犬）

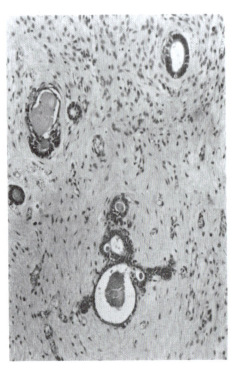

图 16-3　伴有大量纤维基质的
子宫腺瘤（母犬）

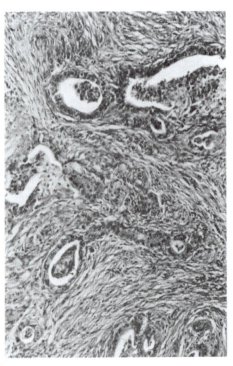

图 16-4　子宫腺癌（母牛）

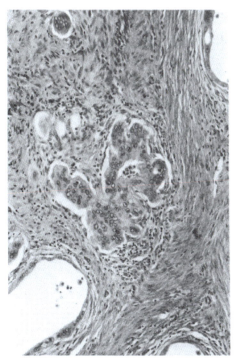

图 16-5　子宫腺癌（母牛）

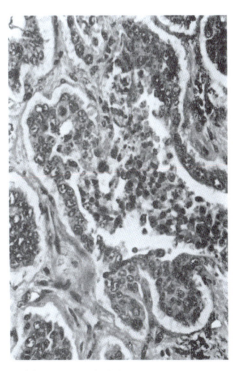

图 16-6　子宫腺癌，肺转移（母牛）

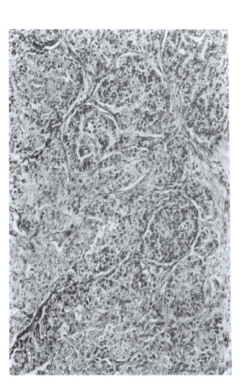

图 16-7　子宫腺癌（母犬）

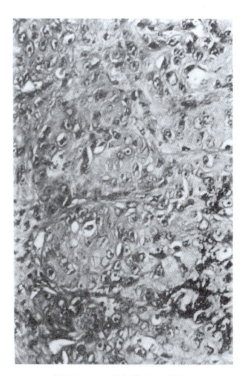

图 16-8　子宫腺癌（母犬）

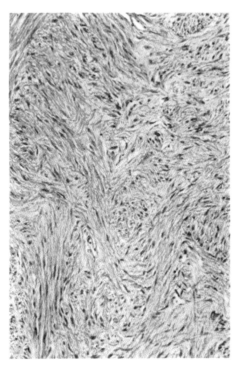

图 16-9　子宫平滑肌瘤（母猪）

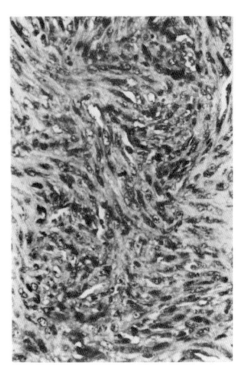

图 16-10　子宫平滑肌肉瘤（母猫）

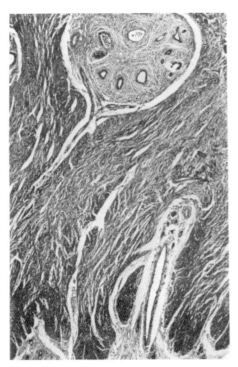

图 16-11　子宫腺肌症（母牛）

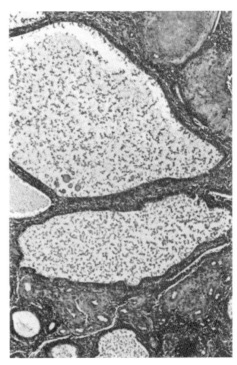

图 16-12　伴有卵巢囊肿的囊性子宫
内膜增生（母牛）

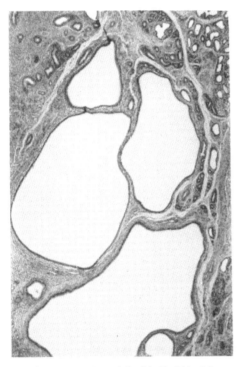

图 16 - 13　地三叶草引起的囊性子宫
内膜增生（母羊）

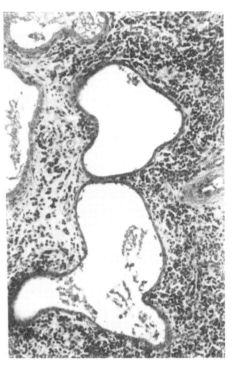

图 16 - 14　子宫积脓的囊性子宫内膜
增生（母犬）

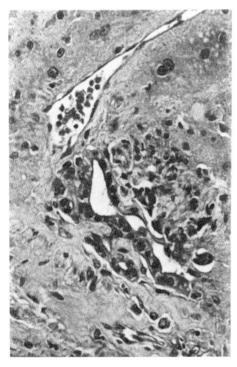

图 16 - 15　胎盘复旧不全位点（母犬）

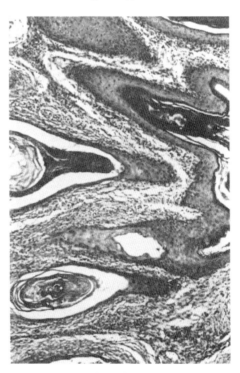

图 16 - 16　氯化萘引起的子宫鳞状
化生（母羊）

第十七章　肾上腺和副神经节肿瘤

E. C. Appleby

考虑到皮质和髓质的来源、结构和功能都不相同，故将本分类分为两个部分。附表是简化了的人类肾上腺肿瘤分类表，它包括：皮质腺瘤和癌、嗜铬细胞瘤、化学感受器瘤、神经纤维瘤、神经节瘤、节细胞神经母细胞瘤和神经母细胞瘤。鉴于对家畜许多肾上腺肿瘤的激素活性不像对人的那么了解，故没有进行详细的机能分类。在所列瘤样病变中，皮质增生在某几种家畜特别重要。

在进行肾上腺肿瘤的分类时，必须考虑到每一对肾上腺都是由不同的两个内分泌器官构成的。皮质和髓质具有不同的来源、结构和功能，因而会发生不同的肿瘤。对于它就像对别的内分泌器官那样，如果不了解它们的生化活性及其与内分泌系统其余成员之间的密切关系，就不能很好地研究这些腺体的任何增生性或肿瘤性变化。

人体内分泌腺肿瘤的分类正在编写，将发表在 WHO 出版的肿瘤国际组织学分类那组材料上。人们已经注意到，长期刺激内分泌腺可导致肿瘤性变化，并且会有一系列从增生到腺瘤之间的改变。例如在家畜，就像在人那样，经常不易区分皮质的结节性增生和腺瘤，这也是对上述观点的一种支持。可是尽管脑垂体分泌的促肾上腺皮质激素在两侧肾上腺皮质的弥漫性增生上有其重要作用，但是在结节性增生和肿瘤形成中的作用尚不清楚。人们还注意到，人类患内分泌腺肿瘤时，生长和机能的自主性与形态特征的相关性绝对不是精确的，这在家畜或许也是如此。

这里的组织学分类是把人类肿瘤的分类简化后提出的。但检查的家畜材料数量和研究的深度还不足以在目前做出进一步分类。由于同一原因，进一步分类也并不能更好地区分良性和恶性这两种形式。在肾上腺中也常见到其他部位肿瘤的转移性生长，但还没有对此做过专门的研究。

至于机能上的分类，在人的内分泌腺肿瘤方面曾强调，必须有充分的临床和生化资料才能做出正确诊断。但在家畜，肾上腺和副神经节肿瘤的那些资料通常是得不到的。许多肿瘤仅仅是在屠宰场或剖检室意外发现的，并且它们的激素活性，不是很小，便是至少临床上也查不出。

同肾上腺皮质增生或肿瘤有关的犬柯兴（Cushing）复征*或多或少是受脑垂体和丘脑下部影响的，有时则是例外。这种复征在犬有过详细记载，在马和牛也有过报道。有激素活性的髓质肿瘤，报道很少，不过已经发现它们在犬和牛能分泌激素，并且在犬和马表现临床上的活性。

---

* 肾上腺皮质患增生或肿瘤时，会产生大量皮质醇，造成面部和身躯肥胖症、高血压、骨质疏松、肌肉乏力等临床表现。——译者注

肾上腺肿瘤的机能分类

Ⅰ. 机能紊乱

  A. 机能减退

  B. 机能亢进

C. 机能障碍

Ⅱ. 无机能紊乱

Ⅲ. 机能状态未确定

下列描述是以 150 个肾上腺和副神经节的肿瘤和有关病变以及研究资料为基础的。其中来自牛的为 75 例，马的 25 例，犬的 50 例。在研究的 22 个副神经节肿瘤中，20 个是犬的。在检查的肿瘤中，只有少数几个是绵羊的，没有猪或猫的。

根据屠宰场对肾上腺肿瘤发生率的调查*估计，在牛比较少见，在绵羊和猪则非常罕见。皮质肿瘤比髓质肿瘤多，但这可能是由于在肉品检查时容易发现皮质肿瘤的缘故。在作者自己的少量调查材料中发现，肾上腺肿瘤在老年马和老年牛中比较普通，而副神经节瘤或嗜铬细胞瘤（phaeochromocytomas）** 要比皮质肿瘤多些。作者根据一些证据认为，肾上腺的增生变化在绵羊并不罕见，在猪也不像平时所认为的那样少见。

在老年犬皮质变化比较常见，特别是各种形态的增生和腺瘤。嗜铬细胞瘤较为少见。在猫也有过少数肾上腺肿瘤的记录。

嗜铬和非嗜铬副神经节的肿瘤，在六种家畜都比较罕见，不过犬的主动脉体瘤可能是例外。

美国武装部队病理研究所的 58 例副神经节瘤档案材料中，包括驴 2 例、牛 4 例、犬 52 例，其中涉及主动脉体的 36 例，颈动脉体的 14 例，涉及二者的 1 例，未能确定部位的 7 例，向其他部位明显转移的 11 例。在猫见过记录的只有 1 例。

人颈动脉体瘤在海拔高的地区较常见。在犬，那些见于短头品种的非嗜铬副神经节瘤，可能同氧不足也有关系。

反刍动物的肾上腺同其他家畜的不太一样，其髓质分为两个区：外区为分泌肾上腺素的柱状细胞，排列成弧形；而内区则为分泌去甲肾上腺素的不规则细胞，排列方式不明显，有嗜银性。在反刍动物的有些品种，其皮质细胞里常只有少量或没有脂质，因此眼观时皮质呈棕色而不是黄色。其他次要的种间差异容后叙述。

大多数材料使用常规固定、石蜡包埋和染色法。许多病例都是使用 HE 染色法，另辅之以麦生（Masson）三色法、丰太那（Fontana）法以及 Glees 和 Marsland 修正的用于神经成分的 Bielschowsky 法。有关特殊方法的补充意见，详见嗜铬细胞瘤部分的描述。

肾上腺和副神经节肿瘤的组织学分类和命名

（一）肾上腺皮质肿瘤

Ⅰ. 腺瘤

Ⅱ. 癌

Ⅲ. 瘤样病变

  A. 皮质皱褶

B. 结节

C. 弥漫性增生

D. 囊肿

E. 髓脂肪瘤

---

 *　特别要参考的是：A. T. Sandison，L. J. Anderson，1968. Journal of Comparative Pathology，78：435-445.

**　是一种功能性嗜铬细胞瘤，来自肾上腺髓质细胞，能分泌肾上腺素或去甲肾上腺素，或同时分泌二者。——译者注

（二）肾上腺髓质和副神经节肿瘤

（包括肾上腺外副神经节和化学感受器）

Ⅰ. 嗜铬细胞瘤

Ⅱ. 化学感受器瘤

Ⅲ. 神经纤维瘤

Ⅳ. 神经节瘤和节细胞神经母细胞瘤

Ⅴ. 神经母细胞瘤

Ⅵ. 瘤样病变

肿瘤的描述

（一）肾上腺皮质肿瘤

Ⅰ. 腺　　瘤

腺瘤（adenoma）（图 17 - 1、图 17 - 2）通常见于皮层，但也可起源于髓质的皮质岛。其大小不一，有的只是埋藏在肾上腺组织中的一个小病变，有的则是一个突出表面的明显肿块。

这一名词通常只指由皮质细胞构成的比较散在的单个团块，细胞分化良好，只有少数有丝分裂象。从外形很容易认出是皮质的肿瘤，虽然会随着细胞空泡化的程度和它们排列成肾小球样结构，或成直的或分支的细胞索，而会像不同的某一皮质区。

肿瘤会压迫周围组织，并且常会有一个薄厚不均、不完整的纤维包膜。在较大的标本中可见到不规则的纤维小梁，里面间或有钙盐沉着，还会见到囊性腔隙和出血区。

在这六种家畜中，大多数都有过发生腺瘤的记录，并且一般认为老年动物比较普通，特别是犬。它与结节性增生的区别并不总是很清楚，因而对腺瘤的准确发生率很难做出估计。

柯兴复征已在前面皮脂腺瘤中做了讨论。

Ⅱ. 癌

癌（carcinoma）是较为少见的肿瘤（图 17 - 3 至图 17 - 5），一般是单个的，比较明显，同时限于一侧。细胞的形态和排列可能有所不同，即使在同一标本上也是如此，有的很像正常皮质细胞，而有的是排列不规则的梭形细胞。脂质空泡较腺瘤少见。细胞质的染色反应通常是嗜酸性的。

肿瘤常出现囊性、出血性和坏死性区域，并有内含钙盐沉着的不规则小梁。有丝分裂象比较普通。癌瘤可侵犯髓质和腺体的包膜，也会经常直接或通过肾上腺静脉入侵靠近肾上腺的后腔静脉的管壁。这些侵袭性的细胞可继续沿着血管壁生长，从而成为一个扩大的团块，这从管腔就可以看到，不过不常发生远距离转移，这表明那些增生细胞可能受到血管内皮的阻挡。据说肿瘤也会向主动脉侵袭＊。

有些高分化的癌不易同腺瘤区分。低分化的癌有时不易同也能入侵后腔静脉的嗜铬细胞瘤区分。

与腺瘤一样，肾上腺皮质癌同柯兴氏复征有关。

Ⅲ. 瘤样病变

瘤样病变（tumour-like lesions）（图 17 - 6 至图 17 - 9）都表现为腺体的某些正常解剖学特征以及增生和其他机能上的变化。

A. 皮质皱褶（cortical folds）

它在家畜通常没有人的那么明显，但马的却很特别，它们可表现为孤立的纤维组织灶，外有位于

＊　解剖学解释：和肾上腺同一水平的后腔静脉，其管壁要比同一水平的主动脉厚些、粗些，至少在牛、马和绵羊都是如此。

皮质深部的球状带细胞包围。在正常腺体的髓质内也会有不规则的皮质组织区，并且有时围绕着神经、神经节细胞、血管或被膜的一些延伸部分。

B. 结节（nodules）

结节与周围皮质的界限不如腺瘤那样明显。它们通常是多发性的，在老年动物，特别是犬，经常同皮质的增生一并发生。增生性变化可能几乎完全是弥漫性的、部分结节状的或全部是结节状的。结节可占据大部分皮质，侵犯髓质，进入被膜组织，甚至突出于被膜，经常可形成相当大的一块。由于它的压迫，皮质可脱入被膜。

C. 弥漫性增生（diffuse hyperplasia）

弥漫性增生在犬就像患有皮质肿瘤那样，见于伴发柯兴复征。在人的肾上腺肿瘤分类中，有一种结节性增生，其结节间的皮质发生萎缩，见于患有柯兴复征的儿童，曾被称为微结节皮质腺瘤病（micronodular cortical adenomatosis）。在牛的皮质和/或髓质的皮质组织中，偶尔会发生大而透明的细胞结节。

D. 囊肿（cysts）

囊肿区可发生在皮质肿瘤的实质中，也可发生在增生的非肿瘤皮质中。其中有些可能只是皮质细胞间蛋白质或淀粉样物质的积聚。

E. 髓脂肪瘤（myelolipoma）

皮质中往往出现常伴有脂肪组织的造血组织小岛，脂肪组织也可单独出现。有人认为这些区域可能就是一种真正的脂肪瘤或髓脂肪瘤。

（二）肾上腺髓质和副神经节肿瘤

Ⅰ. 嗜铬细胞瘤

嗜铬细胞瘤（phaeochromocytoma）（图 17－10、图 17－11）是来自髓质的最普通的一种髓质肿瘤。最常见于老年牛和老年马，可能是这两种家畜最普通的肾上腺肿瘤。作者根据自己的经验认为，它可能是牛的最常见的肿瘤之一。

这种肿瘤为单发或多发，可能是单侧或双侧的，切面常呈深红棕色。有些肿瘤很大，仅凭表面检查就可看到，但许多肿瘤只有在切开腺体时才能发现。用于固定肿瘤组织的甲醛溶液在到达实验室时常呈浓茶色。肾上腺之外的嗜铬细胞瘤在家畜偶有报道，它们也可能起源于嗜铬的副神经节。

肿瘤细胞的性质与正常的髓质细胞相比多少有些相似。细胞的弓形排列方式可能还部分保留，或者由稍细长的细胞构成不规则的细胞索，胞质略呈颗粒状，嗜碱性，细胞索被血管腔隙分隔。也可清楚地看到由相似而较圆的细胞均匀排列而成的团块。但不清楚反刍动物的这些不同模式是否起源于两种不同类型的髓质细胞。有丝分裂象和坏死一般都不常见。

经典的诊断技术是将新鲜组织固定在缪勒（Müller）固定液、奥斯（Orth）固定液或其他内含重铬酸钾的固定液中，以便显示肿瘤细胞中的棕色嗜铬颗粒，虽然这是一种可行的方法，但并非每次都能成功[*]。在用甲醛溶液固定的材料中，如果组织学上与正常的髓质细胞的类型和模式相似，并具有残余颗粒的外观，就足以证明肿瘤的来源是髓质。采用施莫尔（Schmorl）法、麦生-丰太那（Masson-Fontana）法、美蓝法、吉姆萨（Giemsa）法染色都会有助于颗粒的识别。

嗜铬细胞瘤常很明显地压迫周围的髓质或皮质组织，其外还会出现不完全的结缔组织包膜，实质中偶尔可见小梁，肿瘤边缘常会出现类似脂褐素的棕色颗粒。

分化程度很差的嗜铬细胞瘤几乎无法与癌区别，这在腺体的大部分结构遭到破坏时尤其如此。像癌一样，嗜铬细胞瘤也可侵犯大血管。

---

[*]　检查人的嗜铬细胞瘤都常用 pH 5.8 的固定液。

Ⅱ. 化学感受器瘤

化学感受器瘤*（chemodetoma）（图 17-12 至图 17-14）的病例记录中，大多数发生在犬的主动脉体，少数在颈动脉体，还有一两个位于其他部位。主动脉体瘤通常表现为明显隆起的硬团块，贴附于心脏基底部的主动脉。此瘤是由细胞团体或小堆构成的，胞核大而圆，内有点彩状染色质，胞质略带颗粒状，边缘破碎。细胞团块由纤维小梁网分隔，并且通常排列在血管腔隙周围。小梁很精细，在有些地方比较粗大。那些通常呈圆形的细胞团块有时也会在很明显的直行小梁之间几乎排列成索状。还会见到出血区和扩张的血管腔隙，有时还可见钙化的小球体。偶尔标本里的细胞核大小变化明显，有丝分裂象罕见，但有些肿瘤会有低分化的梭形细胞团块，还会入侵邻近动脉壁或心房壁。向远离器官如肺的转移现象也有过记录。有些颈动脉体和主动脉体肿瘤与异位甲状腺肿瘤的区别在某些情况下需要依赖于电镜检查。

Ⅲ. 神经纤维瘤

神经源性肿瘤通常都认为比较罕见，但在肾上腺髓质和嗜铬副神经节均有过报道。在一项对牛的调查中，神经纤维瘤（neurofibroma）病变在髓质和皮层相当常见。神经纤维瘤一般难与纤维瘤区分。

Ⅳ. 神经节瘤和节细胞神经母细胞瘤

神经节瘤（ganglioneuroma）是由成熟的神经节细胞和纤维组成的，非常罕见。节细胞神经母细胞瘤（ganglioneuroblastoma）（图 17-15）类似于神经母细胞瘤，但混有多形性神经节型神经元。

Ⅴ. 神经母细胞瘤

神经母细胞瘤（neuroblastoma）（图 17-16）常发生于幼龄动物，由小细胞组成，胞核深，胞质少，经典的描述是这些细胞在一团杂乱纤维周围排列成玫瑰花结状。然而在所研究的病例中，看到的是细胞排列密集，里面有散在的小梁，偶尔还有不规则的清亮区，这些区域的纤维呈平行线状，或与细胞一起呈扇形排列。神经母细胞瘤在人一般认为恶性很大，但它在家畜的习性如何，资料却很少。

Ⅵ. 瘤样病变

在有家族性髓质癌和嗜铬细胞瘤的家庭里，其儿童的肾上腺髓质会发生增生性改变。可是在兽医文献中，尽管在大鼠和牛偶尔有过记录，但很少有这方面的参考资料。牛和马的髓质肯定在形态上会发生介乎正常髓质和证明为嗜铬细胞瘤之间的变化。

在绵羊的髓质中，会有一些色素细胞和嗜酸性粒细胞构成的结节位于外层或聚集在中央静脉窦周围，这种病变的意义尚不清楚。

（谭雪芬、扎西英派译，陈怀涛、朱宣人校）

---

* 这是一种比较少见的常为良性的肿瘤，是从主动脉和颈动脉体发生的，它同副神经节瘤相似，只是后者有嗜铬细胞，而前者则无。此瘤有许多圆形或卵圆形高染性细胞，它们有形成小泡的趋势，间质很少，往往有一些薄壁的血管腔，也称为非嗜铬性副神经节瘤，并根据部位，也称为主动脉体瘤或颈动脉体瘤。——译者注

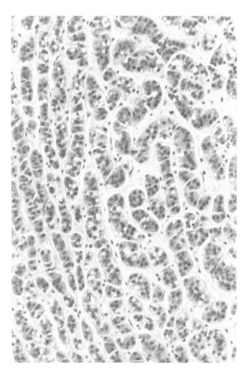

图 17-1　腺瘤，索状排列的肿瘤细胞（马）

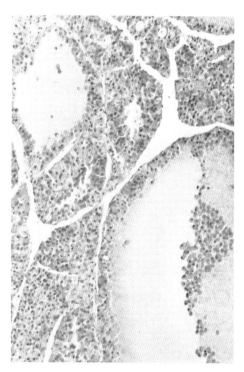

图 17-2　有囊状腔隙的肾上腺皮质腺瘤（犬）

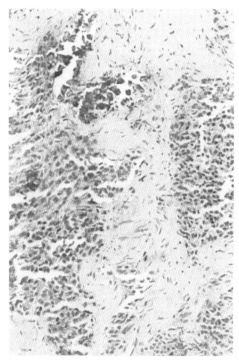

图 17-3　结缔组织中有钙盐沉着的
肾上腺皮质癌（牛）

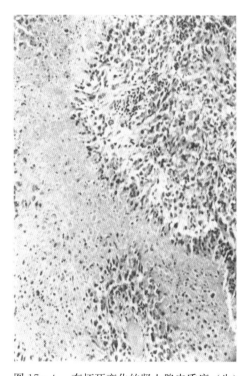

图 17-4　有坏死变化的肾上腺皮质癌（牛）

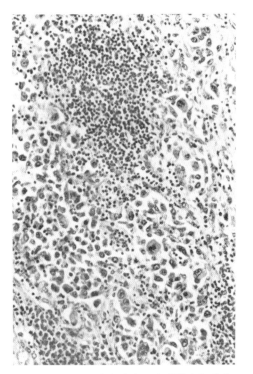

图 17-5　肾上腺皮质癌，多形肿瘤细胞和
　　　　　淋巴细胞灶（牛）

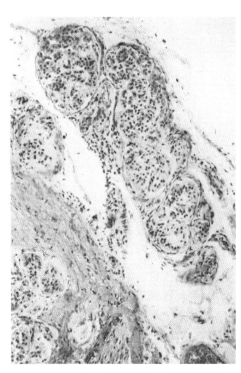

图 17-6　肾上腺皮质增生，被膜外的
　　　　　结节（犬）

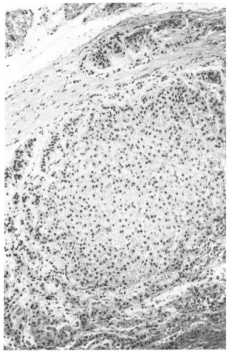

图 17-7　肾上腺皮质和被膜的皮质
　　　　　结节性增生（犬）

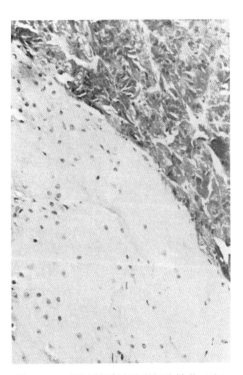

图 17-8　压迫髓质的透明细胞结节（牛）

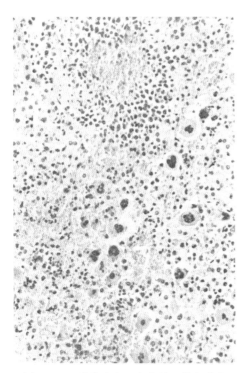

图 17-9　髓脂肪瘤，有大量巨核细胞的
　　　　造血灶（犬）

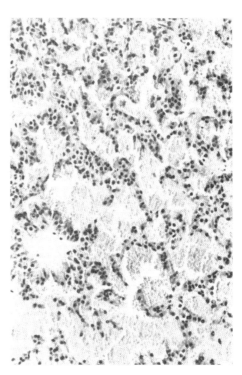

图 17-10　具有血管腔隙的嗜铬细胞瘤（马）

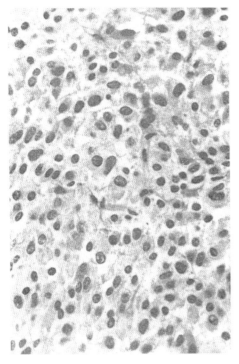

图 17-11　嗜铬细胞瘤，有残余颗粒形成
　　　　（福尔马林固定，牛）

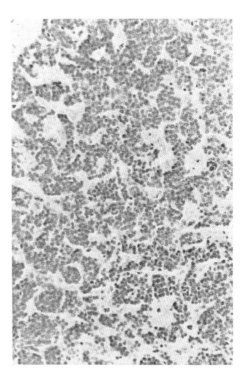

图 17-12　具有血管腔隙的主动脉体
　　　　嗜铬细胞瘤（犬）

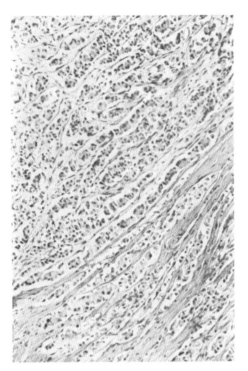

图 17-13　颈动脉体化学感受器瘤（犬）

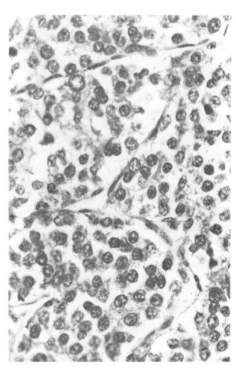

图 17-14　主动脉体化学感受器瘤（犬）

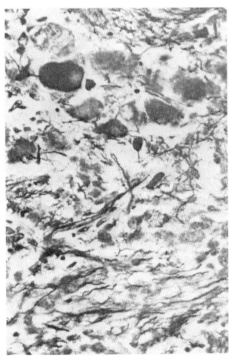

图 17-15　节细胞神经母细胞瘤，浸银法
　　　　　染色（绵羊）

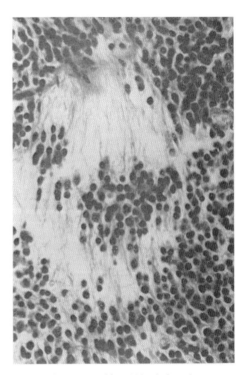

图 17-16　神经母细胞瘤（犬）

第十八章　肾肿瘤

Svend W. Nielsen，L. J. Mackey 和 W. Misdorp

肾细胞癌和肾母细胞瘤是家畜最常见的肾肿瘤。肾细胞癌主要见于犬和牛，肾母细胞瘤见于小猪、幼犬和犊牛。犬肾细胞癌通常呈乳头状，它们容易入侵血管，穿透后腔静脉后向肺转移。肾母细胞瘤在形态学上与儿童维尔姆斯瘤（Wilms' tumour）相同，但在家畜几乎都是良性肿瘤，它是猪最常见的肿瘤之一，这可能是大多数猪在几个月龄时就被屠宰（和被检验）的缘故。累及肾的淋巴肉瘤在猫特别常见，但也可作为全身性疾病的一部分见于其他家畜的肾。

本分类是在研究了 200 例原发性肾肿瘤的基础上提出的，肿瘤主要来自犬、猪和牛，来自猫、绵羊和马的较少，最重要的两类是肾细胞癌和肾母细胞瘤。肾细胞癌最常见于老年犬和牛，而肾母细胞瘤则见于小猪、幼犬和犊牛。肾母细胞瘤和淋巴肉瘤是猪最常见的肿瘤，约占所有猪肿瘤的 40％，这些情况之所以比较多见，部分原因可能是大多数猪到 5～6 月龄时就进行宰后检验。

肾肿瘤的组织学分类和命名

Ⅰ. 肾实质上皮肿瘤

　A. 腺瘤

　B. 癌（肾细胞癌）

　　1. 乳头状癌

　　2. 小管癌

　　3. 透明细胞癌

Ⅱ. 肾盂上皮肿瘤

　A. 变移细胞乳头状瘤

　B. 变移细胞癌

　C. 鳞状细胞癌

Ⅲ. 未分化癌

Ⅳ. 肾母细胞瘤（胚胎性肾瘤）

Ⅴ. 间叶肿瘤

Ⅵ. 淋巴肉瘤

Ⅶ. 畸胎瘤

Ⅷ. 继发性肿瘤

Ⅸ. 未分类肿瘤

Ⅹ. 瘤样病变

　A. 犊牛白斑肾

　B. 猫传染性腹膜炎肉芽肿

　C. 错构瘤

　D. 囊肿

　　1. 孤立性肾囊肿

　　2. 多囊肾

　　3. 潴留性囊肿

　　4. 肾盂积水

肿瘤的描述

Ⅰ. 肾实质上皮肿瘤

A. 腺瘤（adenoma）

这种肿瘤很少见，主要见于牛和马。瘤组织由大小一致并常为立方状的细胞排列成小管状、乳头状结构或实体细胞片，在同一肿瘤中可出现以上不同模式的区域。这些细胞由少量精细的基质支持着，很像正常腺管的基底膜。细胞轮廓清晰，胞质嗜酸性，核圆形、深染。因为经常有觉察不到的腺瘤向腺癌转变的现象，所以二者根据形态不易区分。眼观时，肿瘤呈界限明显的单个扩张性结节，通常直径不超过 2cm（图 18 - 1 至图 18 - 4）。

B. 癌（肾细胞癌）［carcinoma（renal cell carcinoma）］

这些肿瘤可根据其主要组织学模式（实体、小管或乳头状）或其细胞学特征（透明细胞，颗粒状嗜酸性或嗜碱性立方或柱状细胞）做进一步分类。每种模式可能为一种类型，但同一肿瘤的不同区域也常见到不止一种组织学模式。

1. 乳头状癌（papillary tumours）

乳头状瘤是由均一的立方状细胞排列在基底膜上并形成乳头状突起。细胞小，胞质微嗜碱性，无空泡，胞核深染，有丝分裂象不常见。这种肿瘤尽管分化程度良好、无间变，但在犬其恶性程度却很高，容易入侵血管。在检查的病犬中大约一半有肺转移。成簇的瘤细胞沿着肾静脉生长，形成瘤栓，经常向肺转移，也会到达其他器官，特别是脑、心和皮肤。一般来说，各种家畜的肿瘤皮肤转移少见。所检查的那三只犬，皮肤肿瘤最初都被认为是顶泌汗腺癌，后被证明全是转移的肾腺癌（图 18 - 5 至图 18 - 7）。

2. 小管癌（tubular carcinomas）

其癌细胞通常呈立方状或柱状，但有时大小和形状不一致，形成不规则的小管结构，周围包围着纤维基质。细胞核大小不一致，常呈泡状，有丝分裂象一般多见（图 18 - 8）。

3. 透明细胞癌（clear cell carcinomas）

其癌细胞大，在 HE 染色的切片上胞质透明。它们主要排列成实性团块，在有的地方也会呈小管模式。细胞界限清楚，胞核小、圆而致密，常位于水样透明的胞质的基部。基质很少，但有许多小血管。因为它与肾上腺皮质组织有些相似，故这种肾癌有时也称为肾上腺样瘤（hypernephroma）（图 18 - 9、图 18 - 10）。

由胞质为嗜酸性颗粒状的细胞构成的癌不常见。细胞通常密集排列，呈轮廓不清的小梁状，其中有或无管腔形成。胞质丰富、致密，无空泡，强嗜酸性，略呈颗粒状。常能看到嗜酸性的小球状胞质包涵体。胞核常深染，还会出现一些多核巨细胞（图 18 - 11）。

眼观，肾细胞癌白色、分叶，通常为界限明确的卵圆形或圆形肿块，常位于肾的一端附近。癌组织可因出血和梗死而变色。尽管肉眼检查时可见明显的包膜，但肿瘤生长呈侵袭性。

Ⅱ. 肾盂上皮肿瘤

A. 变移细胞乳头状瘤（transitional cell papilloma）（图 18 - 12）

肾盂的乳头状瘤少见。它是由排列成变移上皮并由薄层纤维组织间隔所支持的立方状或高柱状细胞组成的，间隔中可有淋巴细胞灶。眼观，肿瘤表现为突入肾盂腔的乳头状结节。

B. 变移细胞癌（transitional cell carcinoma）

变移细胞癌来源于肾盂或输尿管，表现为乳头状生长或浸润性癌，其形态与第四章中描述的膀胱变移细胞癌相同。肿瘤中可见鳞状化生灶，偶尔还有腺体成分。

C. 鳞状细胞癌（squamous cell carcinoma）（图 18 - 13）

鳞状细胞（表皮样）癌很少见，其形态学特征与身体其他部位的相同，有细胞间桥和/或角化。

Ⅲ. 未分化癌

这一类别是指细胞分化不良而无法确定类型的癌（图 18-14、图 18-15）。它们是一些从圆形到梭形的多形性细胞组成的实性团块，没有小管，有丝分裂象常见。基质多少不一，可有贫血性坏死。

Ⅳ. 肾母细胞瘤（胚胎性肾瘤）

这是未成年幼畜的一种常见肿瘤（图 18-16 至图 18-19）。猪、幼犬和犊牛多半是一岁前诊断出来的，5～6 月龄时屠宰做腌肉用的年轻猪最为常见。但也曾见于较老的种用母猪，瘤体很大，可重达 20kg。转移不常见于小猪和犊牛，即使肿瘤很大时也是如此。犬则不同，文献记载的肾母细胞瘤中，一半以上都有转移现象。此瘤可能同时出现上皮和多种间叶成分（如纤维组织、脂肪、骨、软骨和肌肉）的肿瘤性组织，因此曾有腺肉瘤、癌肉瘤、混合肿瘤等名称。该肿瘤有多种形态上的模式。肿瘤中会以上皮部分占优势，同时有肿瘤性小管和胚胎性肾小球结构，其外围仅有少量纤维瘤样组织。有一种很具代表性的模式是上皮细胞组成的小岛，其中心分化为小管或肾小球样结构，外周则为基质区。如肿瘤的主要部分为间叶组织，则可见到肿瘤性纤维、黏液、脂肪、肌肉、软骨和骨样组织。这些成分可单独出现或几种按不同比例同时存在。大的肿瘤中常有囊腔和贫血性坏死。

Ⅴ. 间叶肿瘤

最常见的肾基质肿瘤是纤维瘤和纤维肉瘤，其次是血管瘤和血管肉瘤这两种血管肿瘤。原发性平滑肌瘤、脂肪瘤及其恶性肿瘤很少发生。其组织学模式都与身体其他部位见到的同类肿瘤相似。

Ⅵ. 淋巴肉瘤

在大多数家畜，全身性淋巴肉瘤累及肾脏的情况都比较普通，其中猫肾似乎更常受害，并且明显地会有原发性肾淋巴肉瘤，对其他器官却无明显侵犯现象。在猫，这种病变常表现为双侧性、多灶性灰白色球状结节，危害皮质，并最终发展为弥漫性浸润。

Ⅶ. 畸胎瘤

这种肿瘤非常罕见。其中含有毛发和骨质成分，还有内衬复层鳞状上皮的囊性腔隙和一些肉瘤或癌瘤区。

Ⅷ. 继发性肿瘤

肿瘤向肾转移的现象在家畜并不少见，尤其在原发性或继发性肿瘤严重累及肺的病例。

最常转移到肾的，在上皮肿瘤中有肺癌、乳腺癌、卵巢癌和前列腺癌，此外还有骨肉瘤、肥大细胞瘤和淋巴肉瘤。

这里值得一提的是，犬的那种有肾转移的原发性肺腺癌，如果获取的组织样本少，病理工作者不易将其与伴有肺转移的原发性肾腺癌区别开来，因为二者的组织学特征相似。

Ⅸ. 未分类肿瘤

这些是不能归入上述任何一类的肿瘤。

Ⅹ. 瘤样病变

A. 犊牛白斑肾（white spotted kidney of calves）

这种病变见于幼龄犊牛，通常是在屠宰场里意外发现的。偶尔也会在宰前就发展到肾功能障碍，造成牛只的淘汰。两侧肾脏都有灰白色球形小结节（直径约 1cm），常突出于肾表面，其切面呈楔形，质地均匀，白色，界限不清。组织上，间质可见组织细胞、淋巴细胞和浆细胞局灶性浸润。这是一种反应性病变，可自行消退。其致病原因不明，但有些病理工作者认为这与之前感染细菌，特别是肾棒状杆菌有关。病理工作者应注意将其与肾淋巴肉瘤区别开来。眼观，后者与前者相似，并且也发生在同一年龄群。

B. 猫传染性腹膜炎肉芽肿（granulomas of feline infectious peritonitis）

猫传染性腹膜炎往往没有腹膜的病变，肾会出现肉芽肿，眼观很像肾的多灶性淋巴肉瘤。肾表面有直径 2～10mm 大小的灰白色球状结节，其切面呈均质白色。组织学表现为组织细胞、浆细胞和少量中性粒细胞构成的肉芽肿。

C. 错构瘤（hamartoma）

这是一种罕见的肾先天性缺损，是由一小块错位而仍活着的组织（软骨、骨等）组成的，并未转化为肿瘤。

D. 囊肿（cysts）

1. 孤立性肾囊肿（solitary renal cysts）

这是最常见的一种肾囊肿，见于多种家畜，以犊牛、小猪和犬最为常见。囊肿直径从几毫米到几厘米不等。曾在犬肾见到过一个大囊肿，几乎占据肾的整个后端。囊肿主要位于皮质，常见于肾包膜下。囊肿内含透明的液体，外包光亮的囊壁。家畜不表现症状，常是在剖腹术、X 线检查或尸检时意外发现的。囊肿的发生原因是肾在发生过程中出现了障碍，因此认为是一种先天性异常。

2. 多囊肾（polycystic kidney）

在临床上多囊肾是更为严重的一种异常现象，如双肾同时受害，动物常可在短时间内以致命性尿毒症而死亡。这种异常有时与其他畸形如多发性胆道囊肿合并发生。患有多发性囊肿的肾体积增大，变为一块灰色的纤维组织，内含许多大小不一的囊肿，只留有极少的肾组织。

3. 潴留性囊肿（retention cysts）

这是双侧性、多发性肾囊肿，其直径为 1～3mm，透明，位于肾皮质，在包膜下即可见到，通常见于发生纤维化的肾，尤其是犬。这种囊肿可能是由于疤痕组织收缩，随之发生尿潴留并导致肾单位扩张所造成的。

4. 肾盂积水（hydronephrosis）

出现此病变的肾盂都会有不同程度的扩张，这取决于相应输尿管闭塞的发展阶段。单侧性肾盂积水可能不表现症状，它和公羊和公猫可见的双侧性病变不同，后者是由于下尿路梗阻导致的。病至后期，肾可变为充满尿液的囊肿，其囊壁由不同程度受压而萎缩的肾实质组成。肾盂积水的原因为：①输尿管因先天性异常、创伤或感染而发生狭窄；②输尿管因肿瘤或肾动脉异常分支而受压；③尿结石堵塞肾盂、输尿管或尿道；④输尿管扭转及其与肾盂发生粘连。

（张万坡译，程国富、朱宣人校）

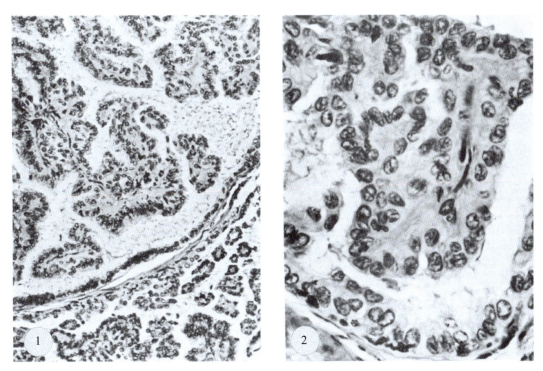

图 18-1、图 18-2　肾腺瘤，由立方状细胞组成的乳头状模式（马）

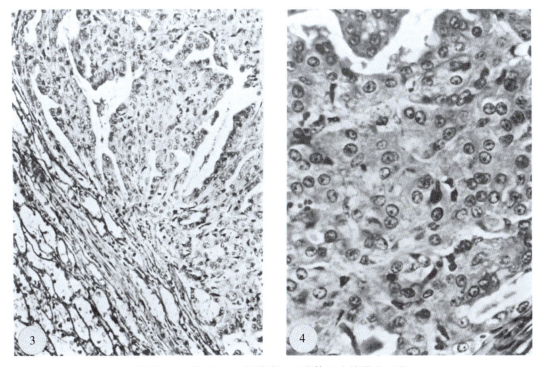

图 18-3、图 18-4　肾腺瘤，呈实体和小管模式（猫）

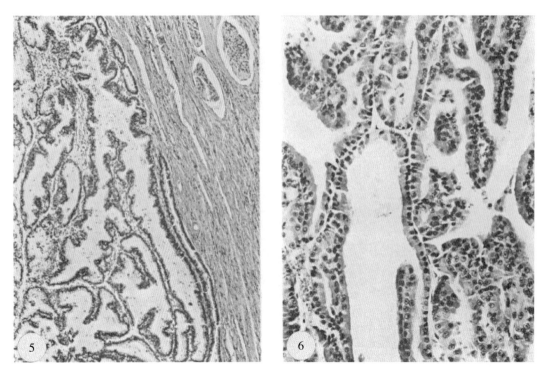

图 18-5、图 18-6   肾细胞癌，具有立方状细胞组成的乳头状突起（犬）

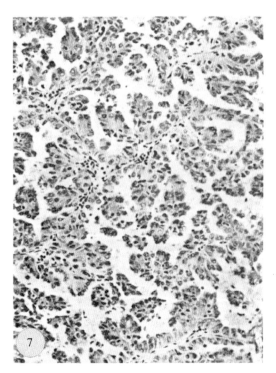

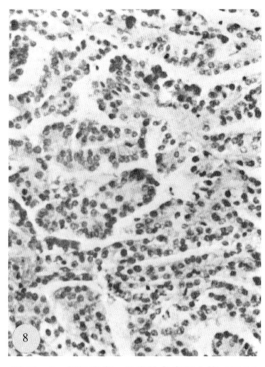

图 18-7   肾细胞癌，呈乳头状模式，在其精细的
隔膜上可见多形性细胞（奶牛）

图 18-8   肾细胞癌，呈实性条索和小管（奶牛）

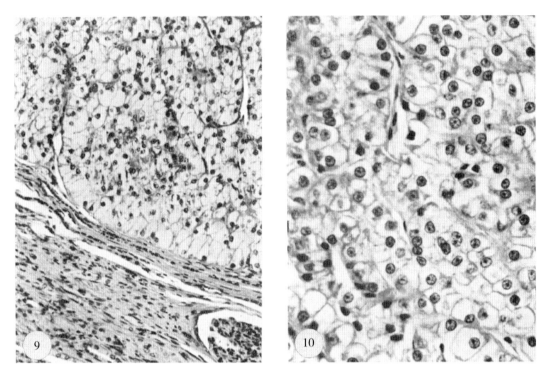

图 18-9、图 18-10　肾细胞癌，透明的大细胞排列成实体团块
或小管，有少量管腔（奶牛）

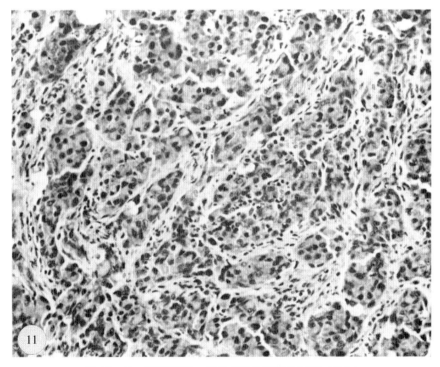

图 18-11　肾细胞癌，伴有多形性嗜酸性细胞（奶牛）

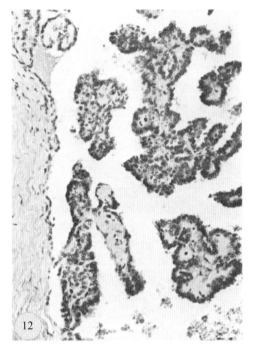

图 18-12　肾盂变移细胞乳头状瘤（马）

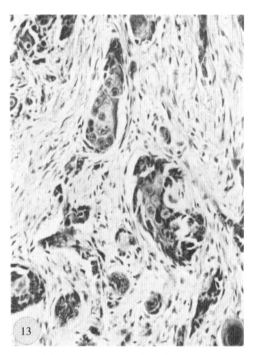

图 18-13　肾盂鳞状细胞癌（犬）

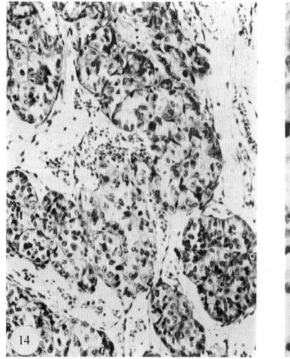

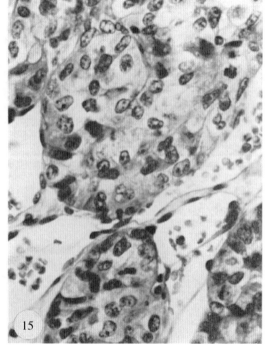

图 18-14、图 18-15　未分化癌，表现为由多形性瘤细胞组成的实性团块（犬）

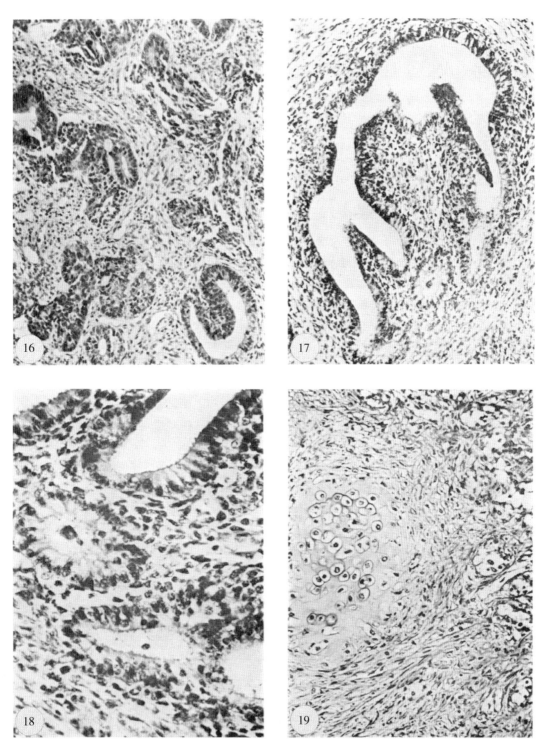

图 18-16～19　肾母细胞瘤，表现为管状上皮结构和分化为软骨的
早期间叶组织的混合物

第十九章　前列腺和阴茎肿瘤

W. C. Hall，S. W. Nielsen 和 K. McEntee

除睾丸外，雄性生殖道的肿瘤在六种主要家畜中比较少见。其中最重要的是犬前列腺癌和阴茎传染性性病瘤，公牛阴茎纤维乳头状瘤，马鳞状上皮乳头状瘤和鳞状细胞癌，以及猪鳞状上皮乳头状瘤。犬前列腺癌有四种组织学类型：小泡乳头型、腺泡型、类器官型和低分化型。前列腺癌的生物学特性与人的类似，常转移至骨盆局部淋巴结、骨骼和肺。犬前列腺的一般弥漫性腺增生与癌之间似乎没有相关性。但是犬的一种特有病变前列腺鳞状化生，与睾丸中产雌激素的支持细胞瘤有关。家畜的阴茎可发生三种不同的传染性肿瘤：犬传染性性病瘤只是在舔食和交配时由完整的肿瘤细胞传染的，而牛纤维乳头状瘤和猪鳞状上皮乳头状瘤则可通过无细胞物质传染。牛纤维乳头状瘤是由引发皮肤乳头状瘤病的同一种病毒引起的。以上三种肿瘤都为良性，且常会自行消退。

除犬外，家畜的前列腺肿瘤非常罕见，牛、马、猪或羊均无病例报告，猫仅见一例。由于可供研究的样本数量有限，本分类仅适用于犬，对于其他家畜，还需要检查更多的肿瘤，目前也只能作为临时的措施。

阴茎肿瘤包括包皮黏膜的肿瘤，比前列腺肿瘤常见，但比睾丸肿瘤少得多。阴茎最常见的三种肿瘤是牛纤维乳头状瘤、马鳞状细胞癌和犬传染性性病瘤。值得注意的是，除了犬传染性性病瘤外，牛纤维乳头状瘤和猪乳头状瘤也都是可传染的，且后两种可采用无细胞物质进行人工传染。

家畜雄性生殖系统的各器官中，除睾丸、前列腺和阴茎外，其他部位很少发生肿瘤，因此要提出形态学分类是有困难的。犬附睾肿瘤过去见过两例，精囊和尿道球腺（即 Cowper 腺）的肿瘤，病理工作者也有过记载，不过对于这几种肿瘤尚需研究更多的病例后才能进行分类。

包皮皮肤部分的肿瘤与身体其他有毛皮肤部位的肿瘤基本相同，详见第七章皮肤肿瘤。

本分类所采用的材料，除了美国康涅狄格州立大学病理生物学系和纽约州立兽医学院研究的病例之外，还有欧洲、加拿大和美国各兽医研究部门提供的活检切片和尸检标本。

前列腺和阴茎肿瘤的组织学分类和命名

（一）前列腺肿瘤
Ⅰ. 腺癌
  A. 小泡乳头型
  B. 腺泡型
  C. 类器官（玫瑰花结）型

Ⅱ. 低分化癌
Ⅲ. 良性间叶组织肿瘤
  A. 平滑肌瘤
  B. 纤维瘤
Ⅳ. 肉瘤

Ⅴ. 未分类肿瘤　　　　　　　　　　　　B. 鳞状细胞癌

Ⅵ. 继发性肿瘤　　　　　　　　　　　　Ⅱ. 纤维乳头状瘤 （纤维瘤）

Ⅶ. 瘤样病变　　　　　　　　　　　　　Ⅲ. 传染性性病瘤

　A. 腺泡增生　　　　　　　　　　　　Ⅳ. 其他间叶组织肿瘤

　B. 鳞状化生　　　　　　　　　　　　　A. 纤维肉瘤

　C. 囊肿　　　　　　　　　　　　　　　B. 淋巴肉瘤

（二）阴茎肿瘤　　　　　　　　　　　C. 血管肿瘤

Ⅰ. 上皮肿瘤　　　　　　　　　　　　Ⅴ. 未分类肿瘤

　A. 鳞状上皮乳头状瘤　　　　　　　　Ⅵ. 瘤样病变

肿瘤的描述

（一）前列腺肿瘤

犬前列腺肿瘤不常见，无特殊的品种特异性，各型前列腺癌的发病年龄为 6～15 岁，平均为 10 岁。

可以利用的病史资料表明，犬会表现能够反映肿瘤生物学特性的某些特征性症状，最常见的是后肢软弱无力、消瘦、排尿和排便困难。直肠触诊和影像学检查常有助于发现前列腺肿瘤团块。70%～80%的病例发生转移，最常转移的部位是髂淋巴结，然后依次是肺、膀胱、肠系膜、直肠和骨（尤其是骨盆骨、股骨和后躯椎骨）。前列腺肿瘤或许是经由髂淋巴结和椎静脉系统转移到肺的。直接蔓延也常见到，可导致前列腺与膀胱、直肠以及下结肠之间发生粘连。前列腺癌转移至骨的高发率和转移性骨病变的表现，无论是在影像学上还是在组织学上，都与人的前列腺癌相似。

因为只有切片或组织蜡块可以利用，所以无法检验组织的脂质和酸性磷酸酶。不过材料提供者之一 Leav 博士，曾用油红 O、苏丹黑 B 和 PAS 染色证明前列腺癌组织切片中有深染的印戒细胞（signet-ring cells）；在两例前列腺癌新鲜组织的细胞质中证明存在酸性磷酸酶的活性。至于前列腺肿瘤病犬血清中的酸性磷酸酶，在诊断上的价值尚不明确。

Ⅰ. 腺　癌

这一类肿瘤的上皮细胞能形成腺管或腺泡。单个细胞的大小悬殊，含有露面的胞核和几个核仁。大多数腺癌的肿瘤性前列腺上皮中可见印戒细胞，但其数目随不同肿瘤而异。每个高倍视野可见到 0～20 个核分裂象，但通常为 2～5 个。在各型肿瘤的基质中都可见纤维化和纤维肌肉增生，但以腺泡型最为多见。各型腺癌都可向淋巴管转移。有些肿瘤的基质中到处都可见到浆细胞和淋巴细胞浸润，有时还有生发中心。出血和坏死也较常见。

少数肿瘤表现为小泡乳头型、腺泡型和类器官（玫瑰花结）型的混合物。腺泡型的腺泡结构中黏蛋白的含量往往最多，而在小泡乳头型和类器官型只有少量黏蛋白。

A. **小泡乳头型** （alveolar papillary type）（图 19 - 1 至图 19 - 4）

这种肿瘤是由上皮细胞形成的乳头状小条带状结构，突入由结缔组织包围的圆形、椭圆形、囊状、小泡状的腔隙构成的。结缔组织常有肿瘤细胞侵入。瘤细胞胞质丰富，常呈颗粒状、鲜红色。在大多数腺癌中，单个瘤细胞的胞质常膨大呈灯泡状，从而将胞核挤压至边缘，结果形成一个印戒细胞，其内容物对阿尔兴蓝（Alcian blue）和 PAS 染色呈阳性反应。有些细胞的胞质中常有单个嗜酸性蛋白小滴，有时可达胞核大。胞核为圆形或椭圆形，常固缩，染色质聚集，一般含有 1～2 个核仁。

常发生高度间变，但其程度随不同肿瘤而异。在这些腔隙中常见多形核白细胞。巨噬细胞中偶尔可见单折光性棕色色素。

B. 腺泡型（acinar type）（图 19-5 至图 19-8）

肿瘤上皮在基质中到处形成大小不等的腺泡，同时伴有大量的纤维肌肉增生，使肿瘤呈硬癌外观。腺泡细胞通常很小，间变程度不一。很少见到印戒细胞。上皮的乳头状皱襞很少，但可以见到。上皮的厚度通常只有一个或两个细胞。基质中偶尔可见单个肿瘤细胞。此型肿瘤的大多数腺泡腔中含有多少不等的黏蛋白。

C. 类器官（玫瑰花结）型 ［organoid（rosette）type］（图 19-9、图 19-10）

此型具有明显的小泡状结构，在有些区域的基质有瘤细胞入侵。每个小泡充满由瘤细胞构成的实性团块或条索，形成小玫瑰花结，胞核位于周边。有时在花结的中心部可见一空腔。这种瘤细胞通常较小，呈立方状或柱状，胞质边界常很明显，在每个细胞的周边都可见到一个较大的或中等大小的卵圆形胞核，内有 1~2 个明显的核仁。

瘤块的中央部分常发生坏死。与其他类型的前列腺癌相反，此型的结缔组织增生和硬化现象都不明显。

II. 低分化癌

这一名称是指缺乏腺结构和管腔形成的恶性上皮肿瘤。肿瘤性上皮以单个细胞、合胞体状、实性细胞岛或条索状散在分布于整个纤维肌肉基质中。肿瘤细胞可呈梭形，似肉瘤外观；也可呈圆形，细胞核小而深染或呈大泡状。常可见到瘤巨细胞、核分裂象以及肿瘤细胞侵入淋巴管、小静脉和神经鞘现象。

III. 良性间叶组织肿瘤

A. 平滑肌瘤（leiomyoma）

平滑肌瘤虽然少见，却是最普通的良性肿瘤。其组织学特征与机体其他部位的平滑肌瘤相同。

B. 纤维瘤（fibroma）

也是少见的肿瘤，其特征与其他部位的纤维瘤相同。

IV. 肉　瘤

文献中曾有前列腺肉瘤的描述，作者也曾检查过少数几例。它们是一种低分化的梭形细胞肉瘤，其来源是成纤维细胞或平滑肌细胞，不过现在还没有足以作进一步分类的病史和描述资料。

V. 未分类肿瘤

不能列入上述分类中的原发性良性或恶性肿瘤。

VI. 继发性肿瘤

转移到前列腺的肿瘤很少见，但牛、犬和猫的淋巴肉瘤可侵袭前列腺。此外，膀胱颈癌入侵前列腺的报道也曾在几种家畜见到过。

VII. 瘤样病变

A. 腺泡增生（acinar hyperplasia）

腺泡上皮增生和基膜皱褶过度形成，可随年龄增长而更加明显，这种情况常见于老年犬。增生通常为双侧性的，结果使前列腺显著增大，导致排粪或/和排尿困难。前者可能较后者更常发生，因为有些品种的犬其盆腔比较狭窄。

犬的前列腺腺泡增生常与前列腺癌并发，但目前尚无根据认为犬的腺泡增生是一种癌前病变。腺泡增生的发生原因尚不清楚，一般认为与老年性激素失调有关。

如果只取得小块活检组织，则很难将腺泡增生与早期前列腺癌相鉴别，这就必须仔细检查肿瘤的异型性、核分裂象和侵袭性生长等情况。

B. 鳞状化生（squamous metaplasia）

这种病变最常见于罹患睾丸功能性支持细胞瘤的犬，偶尔也见于采食含有雌激素效能的牧草如地三叶草，以及患有维生素 A 缺乏症或氯化萘中毒的牛。腺泡上皮和导管上皮都可发生鳞状化生，而且常伴发腺泡的囊性扩张和随后的前列腺增大。必须注意不要将这种良性病变与鳞状细胞肿瘤混淆。

C. 囊肿（cysts）

囊肿的形成常发生于老年犬，往往同时有慢性炎症和腺泡增生。囊肿可能是由腺泡扩张引起的，因为瘢痕组织的形成，可导致腺泡与排泄管及尿道腔发生不通。

（二）阴茎肿瘤

Ⅰ. 上皮肿瘤

A. 鳞状上皮乳头状瘤（squamous papilloma）

这是一种良性角化上皮性乳头状肿瘤，含少量纤维性基质。其体积通常很小，但也能长得很大，常有坏死区。肿瘤的基部常有浆细胞浸润。最常见于马，也可见于其他家畜。猪有一种由病毒引起的乳头状瘤，是通过交配传染的。

B. 鳞状细胞癌（squamous cell carcinoma）（图 19－11、图 19－12）

阴茎鳞状细胞癌通常分化程度良好，由具有细胞间桥和角化珠的大上皮细胞构成；分化程度较差的鳞状细胞癌中仅见单个细胞发生角化。鳞状细胞癌是恶性的鳞状乳头状瘤，最常见于马，其次是犬和牛，主要是老年马患病，去势马和未去势马的发生率似无差别。该肿瘤的发生与包皮垢积聚有关。此癌极具侵袭性，但很少向腹股沟浅、深淋巴结转移，远处转移更为少见。如活检材料很小，则很难将鳞状上皮乳头状瘤和鳞状细胞癌区分开来。

Ⅱ. 纤维乳头状瘤（纤维瘤）

这是公牛的一种良性肿瘤，主要由成纤维细胞组成（图 19－13、图 19－14）。伴有显著的上皮增生。增生不仅发生于肿瘤表面，而且伸入到纤维瘤的中心，这类似于某些类型龈瘤的假上皮瘤性增生。成纤维细胞排列成相互交织的细胞束，胶原纤维的含量多少不等。如活检材料有限，快速生长的纤维乳头状瘤可出现纤维肉瘤的景象。肿瘤最常发生的两个部位是龟头和阴茎鞘的交界处，以及容易受伤的阴茎前背部。瘤体通常呈蕈状，其基部宽大或以长柄相连，因此有些纤维乳头状瘤会突出于包皮孔外。肿瘤直径通常小于 3cm，但有时较大。由于肿瘤所致疼痛或机械障碍会严重影响交配。常发生溃疡和出血，尤其在较大的肿瘤。这种肿瘤常可自行消退。

纤维乳头状瘤可用无细胞材料实验性传染给阴茎或阴道黏膜。致病病毒似乎与引起牛皮肤疣（寻常疣）的病毒相同。易感性随年龄而不同，幼犊比成年牛易感，表明免疫性可后天获得。

Ⅲ. 传染性性病瘤

犬的这种肿瘤是由形成弥漫性团块或细胞片的瘤细胞所组成的，位于阴茎或包皮黏膜之下，并向上扩展到黏膜的生发层（图 19－15、图 19－16）。表面上皮常发生增生，偶见溃疡形成。含有血管的精细纤维结缔组织小梁不规则地穿过肿瘤组织，为肿瘤提供支架。血管常发生充血。在大部分区域，肿瘤细胞排列紧密，故细胞边界不清；在细胞不太密集的区域，则胞质边界明显。瘤细胞胞质丰富，暗嗜酸性，外观呈细网状，但多为泡沫状。胞核大，圆形或椭圆形，偶呈 U 形。核染色质呈精细的点彩状，每个核中都可见到一个明显的核仁。核分裂象多见。有些肿瘤中可见到淋巴细胞、浆细胞和少量嗜酸性粒细胞。转移不常见，但可见于局部淋巴结，转移到内脏器官的极为少见；转移瘤与原发瘤相似。此瘤一般在发生两个月内常可自行消退。

这种肿瘤于100多年前在欧洲首次报道，现已广布于全球。中美洲和东南亚都有流行地区，而美国北部、加拿大和北欧仅有少数犬患病。肿瘤是通过舔食、交配或实验注射由完整的肿瘤细胞传染的。即使在不同的地理区域发生的病例，其肿瘤细胞都有比较一致的染色体众数*，比犬的正常体细胞的染色体数少（瘤细胞为 59 条，正常细胞为 78 条）。

Ⅳ. 其他间叶组织肿瘤

A. 纤维肉瘤（fibrosarcoma）

此瘤在家畜均罕见，牛、马和犬仅有少数病例报告。阴茎纤维肉瘤的形态学特征与前述其他器官的纤维肉瘤相同。

B. 淋巴肉瘤（lymphosarcoma）

尽管淋巴肉瘤在牛、犬、猪和猫中很常见，但在阴茎却很少。肿瘤的形态学特征详见第二章造血和淋巴组织肿瘤病。

C. 血管肿瘤（vascular tumours）

血管瘤（haemangiomas）和恶性血管内皮瘤（即血管肉瘤）（malignant haemangioendotheliomas, angiosarcomas）罕见，其形态学表现详见第八章软（间叶）组织肿瘤。

Ⅴ. 未分类肿瘤

不能列入上述任何分类的肿瘤。

Ⅵ. 瘤样病变

由柔线虫属（*Habronema*）幼虫引起的寄生虫性肉芽肿，可在公马尿道突附近表现为不规则的红色小结节。镜检，病变特征为结节中心呈干酪样坏死，其周围有嗜酸性粒细胞、组织细胞和淋巴细胞浸润，外围发生纤维化。早期病灶中可见到柔线虫幼虫。

（王小波、朱坤熹译，石火英、朱宣人校）

---

* 众数即出现最多时的数目。——译者注

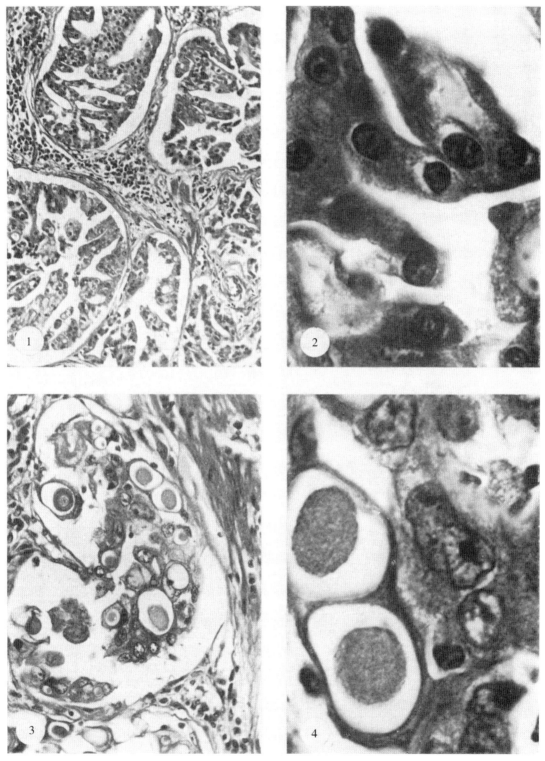

图 19-1～4　小泡乳头型前列腺癌，小泡状结构内充满肿瘤细胞组成的乳头状突起，
瘤细胞质呈空泡状，常含有蛋白性小滴和黏液样物质（犬）

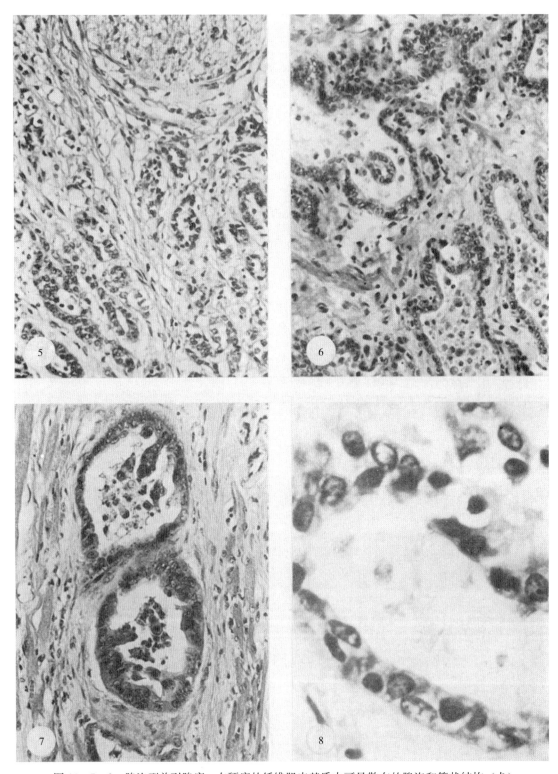

图 19-5～8　腺泡型前列腺癌，在硬癌的纤维肌肉基质中可见散在的腺泡和管状结构（犬）

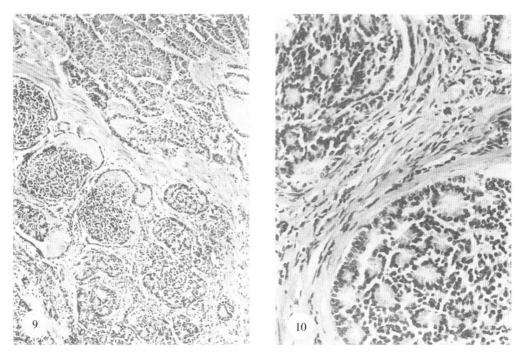

图 19-9、图 19-10　类器官（玫瑰花结）型前列腺癌（犬），图 19-9 左下角可见肿瘤细胞
　　　　　　　　　组成的小叶，右上则为正常的前列腺腺泡，图 19-10 中玫瑰花结形态
　　　　　　　　　相当明显

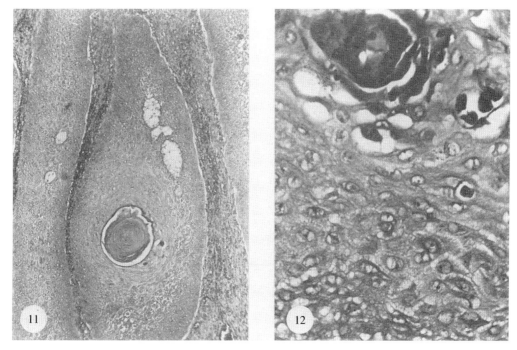

图 19-11、图 19-12　阴茎鳞状细胞癌，表现侵袭性，并含有角质珠（马）

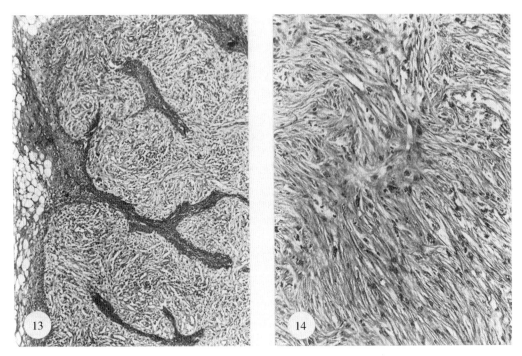

图 19-13、图 19-14 阴茎纤维乳头状瘤，上皮突起从肿瘤表面延伸于交织的
成纤维细胞束组成的基质中（公牛）

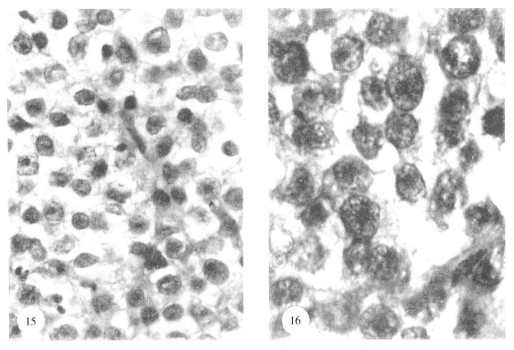

图 19-15、图 19-16 阴茎传染性性病瘤（犬）

第二十章　鼻腔肿瘤

H. Stünzi 和 B. Hauser

家畜的鼻腔肿瘤很少见，大多数病例发生于犬。上皮肿瘤是肉食动物（犬和猫）最常见的肿瘤类型。一般而言，家畜发生的肿瘤类型和人的相同。在犬不存在明显的品种特异性，但在犬和猫，都是雄性患病率远高于雌性。仅很少的病例发生转移。

家畜的鼻腔肿瘤很少见，报道过的病例也少得惊人，其中大多数见于犬。不过，鼻黏膜表面上皮的化生则是经常见到的，这些化生灶可能是肿瘤增生的起源。犬罹患鼻腔肿瘤的平均年龄，上皮肿瘤为 9.7 岁，间叶肿瘤为 8.1 岁。

本分类是以尸检病例为基础的。在苏黎世大学所收集的鼻腔肿瘤病料中，一部分病例是由其他协作实验室提供的。研究的总病例数见表 20-1。有些极少见的肿瘤类型我们也未曾见过，但是有文献中描述过，也收集在本分类中。

表 20-1　家畜的鼻腔肿瘤（个）

肿瘤类型	犬	猫	牛	马	总数
表面上皮肿瘤	21	6	0	2	29
腺上皮肿瘤	17	1	0	0	18
未分化型肿瘤	17	1	2	0	20
上皮肿瘤总数	55	8	2	2	67
间叶肿瘤	25	2	7	2	36
其他和未分类肿瘤	6	2	2	1	11
总计	86	12	11	5	114

在我们收集的病例中，既未发现明显的品种特异性，也未发现短头品种犬和长头品种犬之间存在显著的差异。然而，在犬和猫中均发现雄性的发病率比雌性高得多，尤其是癌瘤；在我们的材料（包括从国外收集的病例）中，有 75% 的剖检犬为雄性。牛和马的鼻腔肿瘤资料很少，因此无法对其品种和性别分布做出结论。在牛，间叶肿瘤似乎居多数；而在犬和猫，则以上皮肿瘤占优势。鼻腔肿瘤的发生部位差异很大，我们还不能就肿瘤的部位和病程做出结论。

转移并不常见，因为病畜通常在疾病早期出现明显临床症状（流鼻涕、喷鼻、呼吸困难，偶尔面部还发生不对称肿胀）即被宰杀。例如，犬肺和鼻腔肿瘤的发病率，似乎在城市和农村间并无差异，而有些肿瘤如扁桃体癌，则在城市较为常见。

鼻腔肿瘤的组织学分类和命名

Ⅰ. 表面上皮肿瘤

 A. 乳头状瘤

 B. 鳞状细胞癌（表皮样癌）

 C. 梭形细胞癌

 D. 过渡型癌（中间型癌）

Ⅱ. 腺上皮肿瘤

 A. 腺瘤

 B. 腺癌

Ⅲ. 未分化（间变）癌

Ⅳ. 软（间叶）组织肿瘤

Ⅴ. 骨和软骨肿瘤

Ⅵ. 淋巴组织肿瘤

Ⅶ. 其他肿瘤

Ⅷ. 未分类肿瘤

Ⅸ. 瘤样病变

肿瘤的描述

Ⅰ. 表面上皮肿瘤

A. 乳头状瘤（papilloma）（图 20-1）

乳头状瘤是少见的良性外生性肿瘤，由复层鳞状上皮所组成。

B. 鳞状细胞癌（表皮样癌）（squamous cell carcinoma，epidermoid carcinoma）（图 20-2、图 20-3）

这是一种具有明显鳞状分化的恶性肿瘤。瘤细胞形成实性岛或分支条索，其中心偶有坏死。在光镜下常可见到细胞间桥。胞核色淡，特别在细胞岛的中心区，含有一个或两个核仁。胞质丰富，粉红色，常呈细颗粒状或泡沫状。不常发生角化，即使角化也很轻微。在不发生角化的肿瘤中，常有内含嗜酸性物质的小假腔。肿瘤基质常出现慢性炎症。在作者研究的一例表皮样癌中，在癌细胞岛内可见少许黏液小滴。因此，这个肿瘤可能类似于人的黏液表皮样癌。应注意，有些肿瘤呈海绵状（细胞间隙水肿）和细胞水泡变性。必须用特殊染色方法才能将这些细胞间隙与黏蛋白小滴区分开来。在肉食动物，鳞状细胞癌是鼻腔的主要肿瘤。眼观，这些肿瘤呈白色团块，被少量结缔组织分隔成不规则的小叶。

C. 梭形细胞癌（spindle cell carcinoma）（图 20-4、图 20-5）

梭形细胞癌被认为是鳞状细胞癌的一种类型，可能转变成多边形或鳞状细胞的病灶。梭形瘤细胞可形成片状、巢状或分支条索。团块外围的细胞其长轴都是与团块的边缘呈直角排列的（栅栏状），而在中心可形成螺纹状。细胞边界不清楚，通常不发生角化。基质可见慢性炎症。眼观，这些肿瘤呈现类似于鳞状细胞癌的灰白色团块。这种肿瘤类型在家畜中并不常见。

D. 过渡型癌（中间型癌）（transitional carcinoma，intermediate carcinoma）（图 20-6、图 20-7）

这是鼻腔表面上皮的一种低分化肿瘤。瘤细胞排列紧密，没有细胞间桥；常为多边形，排列成实性细胞片或条索。不产生角蛋白，但少数区域会发生鳞状化生。肿瘤的中心部位会发生坏死。

这种肿瘤常见于人，但家畜并不常见。看来它可能代表鳞状细胞癌和未分化癌之间的一种中间类型，与泌尿道的"变移上皮"并无关系。

Ⅱ. 腺上皮肿瘤

A. 腺瘤（adenoma）

这种罕见的良性肿瘤是由外生性表面上皮和腺体成分（埋藏在数量不等的胶原基质中）所组成

的。有时基质为肿瘤的主要成分。

B. **腺癌**（adenocarcinoma）（图 20-8、图 20-9）

腺癌是从鼻黏膜的黏液腺或浆液腺发生的恶性肿瘤。大多数腺癌是由内含卵圆形核的柱状上皮组成的。癌细胞排列成腺泡或乳头状。大多数腺癌为黏液型，如有黏液滞留，则腺体发生扩张，腺上皮可变得扁平。在严重病例，肿瘤可变成一团黏液状物质。在浆液型腺癌，腺腔会含有一些蛋白性物质，但没有黏液。

腺癌中会有一些鳞状化生的区域，但这并不足以另立一类。这种模式在犬的鼻腔肿瘤中并不少见。有时在这种表面上皮癌里会存留着一些正常的腺泡，因此分类时必须注意，不要将这种腺癌列在仅有少量腺泡形成的低分化腺癌中。

腺癌和"腺乳头状瘤"在绵羊曾有报道，可能是传染因子引起的。它们似乎总是源于嗅黏膜。从疾病的地方流行性质和容易用无细胞材料成功接种传染来看，其病因是一种病毒[*]。

Ⅲ. 未分化（间变）癌

未分化癌或间变癌（undifferentiated or anaplastic carcinomas）（图 20-10、图 20-11）由圆形或多形性小细胞组成，瘤细胞通常形成实性团块，不见鳞状或腺状分化。上皮性结构通常局限于瘤细胞片的周围区。根据大量有丝分裂象和广泛的坏死区，说明这种肿瘤的恶性程度很高。

Ⅳ. 软（间叶）组织肿瘤

家畜鼻道的软组织肿瘤（soft tissue tumours）并不常见。由于它们没有特殊的形态特征，故仅列出所见的肿瘤类型即可：纤维瘤、纤维肉瘤、血管瘤、血管肉瘤和黏液肉瘤〔详见第八章软（间叶）组织肿瘤〕。

Ⅴ. 骨和软骨肿瘤

曾见到过骨瘤、骨肉瘤和软骨肉瘤（详见第二十一章骨和关节肿瘤）。

Ⅵ. 淋巴组织肿瘤

曾检查到过淋巴肉瘤和肥大细胞瘤。两例淋巴肉瘤见于一只幼猫和一头老年牛，均为单发，局限于鼻腔和局部淋巴结；第三例为一多中心性淋巴肉瘤复征的一部分。

Ⅶ. 其他肿瘤

除上述肿瘤外，鼻腔中很少发生其他肿瘤。在犬曾见到过两例神经源性肉瘤，另有一例猫的脑膜瘤（可能起源于大脑脑膜，但在尸检时，肿瘤已取代了筛骨），一例犬的黑色素瘤。

Ⅷ. 未分类肿瘤

Ⅸ. 瘤样病变

猫和犬的鼻腔息肉很少见。息肉是突入鼻腔的被覆正常呼吸道上皮的水肿结缔组织，其中常有一定程度的慢性炎症，也可见到出血区。

猫的结核病，反刍动物的放线菌病与放线杆菌病、真菌病以及其他类型的慢性炎症，均可引起鼻腔肉芽肿形成。

参考文献（原文）

Reif，S. J. & Cohen，D. Archives of environmental health，22：136-142（1971）.

---

[*] 这种肿瘤现多称为羊地方流行性鼻腺癌，其病原为地方流行性鼻腺癌病毒。——译者注

Weiss，E. Bulletin of the World Health Organization，50；101-110（1974）.

Misdorp，W. & Vander Heul，R. 0. Page 265 of this issue.

Jarretr，W. F. & Mackey，L. J. Bulletin of the World Health Organization，50；21-34（1974）.

（曹胜亮、朱坤熹译，刘思当、陈怀涛校）

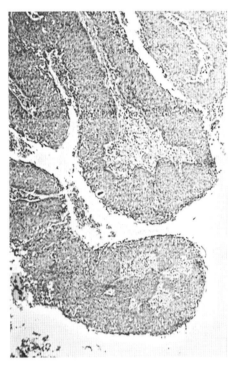

图 20-1 鳞状上皮乳头状瘤（犬）

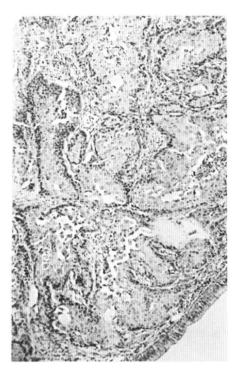

图 20-2 鳞状细胞癌（犬）

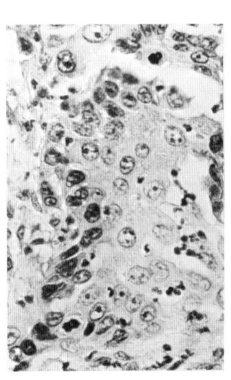

图 20-3 鳞状细胞癌，与图 20-2
为同一病例

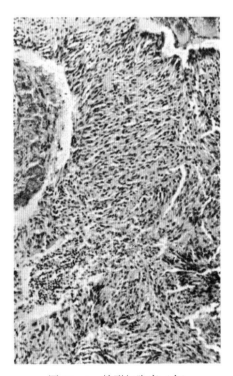

图 20-4 梭形细胞癌（犬）

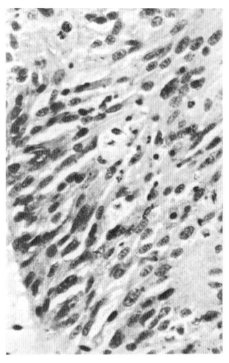

图 20-5 梭形细胞癌（犬）

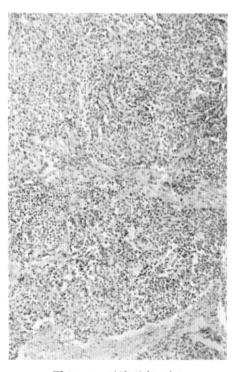

图 20-6 过渡型癌（犬）

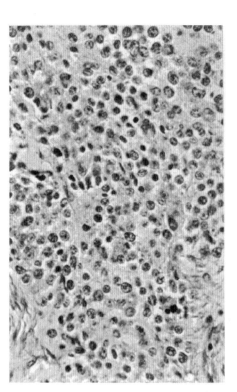

图 20-7 过渡型癌（犬）

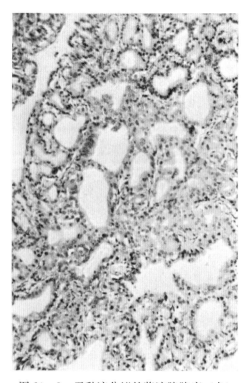

图 20-8 无黏液分泌的浆液腺腺癌（犬）

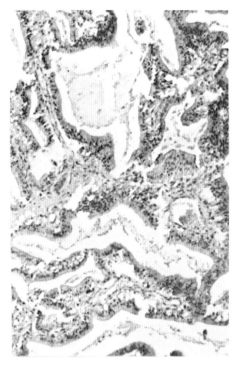

图 20 - 9　有黏液分泌的黏液腺腺癌（犬）

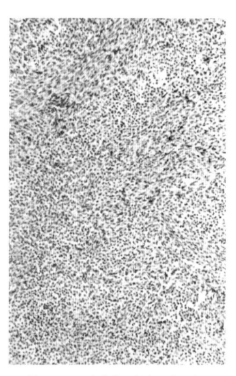

图 20 - 10　未分化（间变）癌（犬）

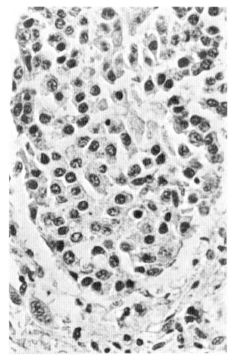

图 20 - 11　未分化（间变）癌（犬）

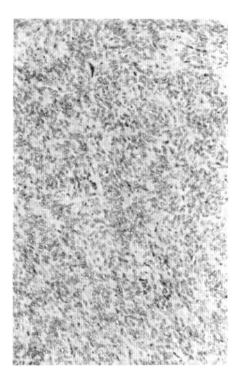

图 20 - 12　神经源性（？）肉瘤（牛）

第二十一章　骨和关节肿瘤

W. Misdorp 和 R. O. van der Heul

骨和关节肿瘤在犬并不少见，但在其他家畜却很少发生。犬的大多数骨肿瘤都是恶性的；骨肉瘤是最常见的肿瘤，特别是大型品种犬和拳师犬。下面描述的主要骨肿瘤的类别有：成骨肿瘤、成软骨肿瘤、巨细胞瘤、骨髓肿瘤、血管肿瘤、其他肿瘤、转移性肿瘤、未分类肿瘤以及瘤样病变。关节和相关结构肿瘤分为滑膜肉瘤、纤维黄色瘤和软组织恶性巨细胞瘤。

家畜骨肿瘤的分类与 WHO 关于人骨肿瘤的分类非常相似，同样都是基于组织学标准，特别是瘤细胞分化的类型及其产生的细胞间物质的类型。

家畜骨组织的分类包括骨和关节的恶性和良性肿瘤，以及在家畜软组织肿瘤的分类中没有讨论过的少数相关肿瘤。对于后者的描述与 WHO 关于人相应软组织肿瘤的分类相似。有一些瘤样病变也包括在本分类中，以便作为对比，也因为这些病变在鉴别诊断上有其重要性。基于同样的理由，对转移性肿瘤也进行了简要讨论。至于一些已知是能侵犯骨组织的肿瘤，如鳞状细胞癌和恶性黑色素瘤，这里就不讨论了。

近年来，报道了一些迄今还不知道的家畜肿瘤。由于人们对肿瘤学的兴趣日益增加和临床放射学技术的提高，可以预期将会发现更多类型的骨和关节肿瘤。本分类或多或少反映了这方面知识的现状，当然这仅仅是第一步，等到经验积累多了，肯定还要修正。

我们的研究根据是荷兰癌症研究所档案中提供的 322 例肿瘤和从欧洲、美国及澳大利亚几个研究所获得的 43 例病例。后者是作为近年来兽医文献中罕见肿瘤类型的代表而被选用的。全部材料包括犬的 283 例、猫的 40 例、马的 15 例、绵羊的 13 例、牛的 11 例和猪的 3 例。文献中报道过的有些肿瘤类型，我们无法得到病理材料。大多数是尸检病例，少数是手术切除标本。由于大多数动物在原发性骨肿瘤的疾病早期即被扑杀，所以很难将这些肿瘤的组织学景象与它的生物学习性联系起来，因此必须继续收集资料完整的病例。

虽然目前对家畜骨肿瘤的认知仍很有限，但可以做出如下一些尝试性结论：

（1）犬的原发性骨肿瘤其数量要比转移性肿瘤多（我们的材料是 5∶1）；这与人的情况相反。

（2）恶性骨肿瘤远比良性骨肿瘤多见，特别是在犬和猫；而在人则良性肿瘤比较常见。也许随着 X 光摄影检查的应用更加广泛，在家畜骨骼中将会发现更多的良性肿瘤。

（3）犬的骨肉瘤从数量上看最为重要，特别是大型品种犬和拳师犬。这种肿瘤可作为研究人骨肉瘤的一个良好模型，因此是临床病理学、免疫学、治疗学和病因学（趋骨性同位素）的研究对象。

（4）犬和绵羊的软骨肉瘤是仅次于犬和猫的骨肉瘤的第二种最常见的肿瘤类型，软骨肉瘤在人也很普遍。血管肉瘤（犬和马）、骨软骨瘤（犬、马和猫）和骨髓瘤（犬）发生较少，这三种类型大多以多种形式发生，其中后两种类型在人发生的比在家畜的多。我们尚未在家畜见到过确切的尤因（Ewing）肉瘤、成软骨细胞瘤、软骨黏液样纤维瘤、纤维化性纤维瘤（desmoplastic fibroma）、间叶软骨肉瘤、脊索瘤、血管内皮细胞瘤或嗜酸性细胞肉芽肿。除了骨肉瘤可能还有软骨肉瘤和恶性滑膜瘤外，能够用于研究某种病变类型组织学差异的病例太少了。

（5）一些报告提出了犬和马的骨软骨瘤以及犬的纤维结构发育不良呈家族性发生，表明与遗传因素有关。

（6）据报道，犬的多发性骨梗死和猫的"骨营养不良"病变与维生素 A 过多症和骨肉瘤在发生上存在巧合现象，这从病因学和组织发生的观点上看是很有意义的。

骨肿瘤的诊断

通过临床、放射学和病理学的综合研究，对骨病变的诊断有很大帮助，这三方面的一些要点如下：

临床病史：包括临床症状的持续时间和类型以及病变的发生部位。

X 光摄影：采用两个或两个以上的方位摄影会有助于确定病变的大小、形状和精确的发生部位。对可疑病例，可以和对侧骨做比较并重复做 X 光摄影（间隔 3 周）会更有帮助。

活检技术：手术采取的活检组织材料必须有足够的大小，应包含肿瘤的生长边缘和深部组织。这对于骨肉瘤尤为重要，因为肿瘤的组织结构因其部位不同而差异很大，在其生长边缘部分可能缺乏细胞间物质，例如类骨质。可用 X 光摄影帮助确定取样部位。

手术切除和尸检标本：这些方法可为详细检查整个肿瘤提供机会。应用巨切片[*]，虽然制备困难和费时，但能在肿瘤的组成和结构，以及肿瘤与先前存在的组织或反应性组织之间的相互关系方面取得最多的资料。标本固定后，先拍摄照片并从两个方位进行 X 光检查。再用锯子通过肿瘤中部截取一厚切片（6 mm），并拍摄普通照片和 X 光照片。然后将标本放入甲酸钠-甲酸缓冲液中脱钙，直到能用刀切割为止。最后将标本脱水后真空包埋入一种塑胶（paraplast[**]）中。用作组织学检查的切片，可用一种特殊的滑动式切片机切成 7～10 μm 厚的切片。

除 HE 染色外，阿尔兴蓝染色有助于鉴别含有软骨成分的骨肉瘤和具有继发性骨化的软骨肉瘤；应用网状纤维染色和双折射检查法，可用于鉴别肿瘤性骨、反应性骨、原先存在的骨及波浪形致密胶原纤维。

骨和关节肿瘤的组织学分类和命名

（一）骨肿瘤

Ⅰ. 成骨肿瘤
　A. 骨瘤
　B. 骨样骨瘤和成骨细胞瘤（良性成骨细胞瘤）
　C. 骨肉瘤
　D. 近皮质骨肉瘤（骨旁骨肉瘤）

Ⅱ. 成软骨肿瘤
　A. 软骨瘤
　B. 骨软骨瘤（骨软骨性外生骨疣）
　C. "侵蚀性软骨瘤"
　D. 软骨肉瘤

Ⅲ. 巨细胞瘤　（破骨细胞瘤）

Ⅳ. 骨髓肿瘤

　A. 骨髓瘤
　B. 其他

Ⅴ. 血管肿瘤
　A. 血管瘤
　B. 血管肉瘤（恶性血管内皮瘤）

Ⅵ. 其他肿瘤
　A. 纤维肉瘤
　B. 脂肪肉瘤
　C. 骨脂肪肉瘤（恶性间叶瘤）
　D. 长骨"釉质瘤"
　E. 未分化肉瘤

Ⅶ. 转移性肿瘤

Ⅷ. 未分类肿瘤

---

* 巨切片是指用大块或整个肿瘤制成的切片。——译者注

** paraplast 是一种高度提纯的石蜡和几种可塑性聚合物的混合物。——译者注

Ⅸ. 瘤样病变
　　A. 孤立性骨囊肿（单纯性或单房性骨囊肿）
　　B. 动脉瘤性骨囊肿
　　C. 近皮质骨囊肿（软骨下骨囊肿）
　　D. 纤维结构发育不良
　　E. "骨化性肌炎"
　　F. 甲状旁腺机能亢进性棕色瘤
　　G. 趾骨表皮样囊肿
　　H. 其他

（二）关节和相关结构肿瘤

Ⅰ. 滑膜肉瘤（恶性滑膜瘤）
Ⅱ. 纤维黄色瘤（纤维组织细胞瘤）
Ⅲ. 软组织恶性巨细胞瘤

肿瘤的描述

（一）骨肿瘤

Ⅰ. 成骨肿瘤

A. 骨瘤（osteoma）

这是一种很坚硬的良性肿瘤，主要由高分化的和以骨板占优势的成熟骨组织所构成。和人的一样，这种生长缓慢的肿瘤在家畜也很少见，而且只见于颅骨和下颌骨。兽医文献中报道的许多好像纤维骨瘤的病变，据我们检查，其结构更像纤维结构发育不良，因此将它们归入另一类（见本章Ⅸ之D）。

B. 骨样骨瘤和成骨细胞瘤（良性成骨细胞瘤）（osteoid osteoma and osteoblastoma，benign osteoblastoma）（图21-1、图21-2）

这是两种良性肿瘤，在组织学上颇为相似。它们是由大量细胞和富含血管的未成熟骨和骨样组织构成的。骨样骨瘤是一个非常小的病灶，通常被反应性骨区包围。我们曾检查到两例猫的生长在椎骨中的良性成骨细胞瘤，与人的成骨细胞瘤有些相似。

C. 骨肉瘤（osteosarcoma）（图21-3至图21-10）

这是一种恶性肿瘤，其特征是由瘤细胞直接形成骨或骨样组织。肿瘤性骨形成必须与反应性骨形成及软骨骨化形成的骨质相区别。骨肉瘤有很多组织学模式。这种肿瘤似乎是从中心开始，然后膨胀并侵入周围结缔组织、肌肉和血管。在我们的犬骨肉瘤材料中，大约只有50%存在肿瘤性骨和骨样组织（"单纯骨肉瘤"，"pure osteosarcomas"）。在其他骨肉瘤中，除了存在骨和骨样组织外，也会产生肿瘤性软骨、纤维组织或黏液样组织（"复合肉瘤"，"combined sarcomas"）。有充分的证据说明，后一类的预后比前一类更好些。在人，那些基本上是纤维肉瘤模式的骨肉瘤，其预后也比较良好。

犬和猫的骨肉瘤是骨的原发性恶性肿瘤中最常见的一种，在犬约占全部骨肿瘤的80%。骨肉瘤最多见于骨停止生长之后若干年的中年和老年犬和猫，而人的骨肉瘤则大多发生在青年期。有些猫的骨肉瘤中有大量多核巨细胞。

人在中年后发生的与骨肉瘤有关的佩吉特病（Paget's disease），迄今所知家畜并不发生。

大型和巨型犬和猫，其骨肉瘤的常发部位是长骨的骺端。在小型犬，特别是拳师犬，其主要发生部位是桡骨下端和肱骨上端。马、牛和绵羊的骨肉瘤报道很少，大多发生在头部。犬的骨肉瘤，尤其是复合型的，有时很难与软骨肉瘤及纤维肉瘤区分。

D. 近皮质骨肉瘤（骨旁骨肉瘤）（juxtacortical osteosarcoma，parosteal osteosarcoma）（图21-11）

这是一种特殊类型的骨肉瘤，其特征是起源于骨的外表（骨膜肉瘤）和具有高度结构上的分化。瘤组织通常是由成熟的和板层状的骨小梁团块组成的，与纤维组织，有时还有软骨组织混在一起。瘤细胞一般只表现轻度多形性和有丝分裂活性。在家畜见到的少数病例发生于头部，而人的这种肿瘤通常会侵犯长骨的骺端。这些肿瘤的病变都有一定范围，或同下面的骨干发生粘连，或是包围在骨干周围。

Ⅱ. 成软骨肿瘤

A. 软骨瘤（chondroma）（图 21-12）

这是以形成成熟软骨为特征的一种良性肿瘤，而无软骨肉瘤的组织学特征（高度多细胞性，细胞多形性，具有双核、大核或有丝分裂象的大细胞）。犬、猫和绵羊的软骨瘤已有过报道；犬的软骨瘤呈单发性或多中心性病变（内生软骨瘤病）。软骨瘤在家畜很少见，但在人则比较普通。

B. 骨软骨瘤（骨软骨性外生骨疣）（osteochondroma, osteocartilaginous exostosis）（图 21-13、图 21-14）

这种良性肿瘤是生长在硬骨表面的一种被覆软骨的骨性突起物。家畜骨软骨瘤大多为多中心发生——肋骨、椎骨、肩胛骨和长骨的骺端。罹患多中心型的犬可见到恶性变化。虽然家畜的骨软骨瘤并不罕见，但在人更为常见。犬和马存在多发性家族性病例，表明其具有遗传基础，这在人是已被确认了的。

C. "侵蚀性软骨瘤"（"chondroma rodens"）（图 21-15）

这是一种具有纤维软骨分化的特殊类型的肿瘤，最初称为侵蚀性软骨瘤（jacobson），后来称为纤维瘤病软骨瘤（cartilaginous counterpart of fibromatosis）（Liu 和 Dorfman）。这种肿瘤的特征是侵袭性生长，具有分叶状结构，内有部分钙化或骨化的肿瘤性软骨岛，其外被梭形细胞索包围。这种几乎都见于颅骨的肿瘤，开始发生时可能是一种软组织肿瘤，例如来自腱膜，以后就侵入下面的硬骨。应研究更多的这种有意义的肿瘤病例，以便进一步研究其生物学特性和结构变化。

D. 软骨肉瘤（chondrosarcoma）（图 21-16 至图 21-18）

这种恶性肿瘤的特征是瘤细胞形成软骨而不形成骨。可以作为鉴别的特征是存在多细胞性和多形性的肿瘤组织，以及出现大量大核或双核细胞。细胞周围常有一种软骨性或黏液性细胞间质，但也可见到未分化区。软骨肉瘤可能含有数量不等的被钙化的细胞间组织；软骨内骨化很常见，应与骨肉瘤中的直接骨形成相区别。

根据肿瘤组织的分化，软骨肉瘤可分为三个级别：低级别肿瘤（Ⅰ级）由高分化的软骨组成，肿瘤细胞相当一致，有些瘤细胞有双核，无核分裂象；高级别肿瘤（Ⅲ级），部分为未分化的肉瘤组织或分裂率高得多形性细胞；Ⅱ级肿瘤为中间型。家畜软骨肉瘤分级的预后价值有待评估。

软骨肉瘤在犬（在我们的材料中约占全部骨肿瘤的10%）和绵羊并不少见，但在猫和马很少见。犬、绵羊和人的软骨肉瘤可波及扁骨（肋骨、胸骨、鼻骨和骨盆）和长骨骺端。和人的软骨肉瘤一样，在犬也无明显的年龄上的选择。拳师犬和德国牧羊犬似乎是最易发生软骨肉瘤的品种。家畜的软骨肉瘤有时很难与软骨瘤及具有软骨分化的骨肉瘤相区别。

Ⅲ. 巨细胞瘤（破骨细胞瘤）

这是一种侵袭性生长的肿瘤，其特征是整个肿瘤中均匀分布着由肥大的间叶细胞和大量破骨细胞型多核巨细胞构成的细胞性组织。瘤组织中胶原较少，偶尔可见骨样组织或骨组织。这种罕见的、有一部分可以转移的肿瘤在犬和猫都曾有过报道。在一个猫的巨细胞瘤中曾有肥大细胞反应。家畜的这种肿瘤或生长于长骨的骺部和肋骨，或生长于椎骨（图 21-19、图 21-20）。

Ⅳ. 骨髓肿瘤

A. 骨髓瘤（myeloma）（图 21-21、图 21-22）

骨髓瘤是一种恶性肿瘤，通常表现为多发性或弥漫性侵犯骨组织，其特征是肿瘤细胞为类似浆细胞的圆形细胞，但表现不同程度的不成熟性，包括非典型多核形态。病变表现为局灶性溶骨区或无骨结构改变的弥漫性骨髓替代区。与人一样，家畜罹患骨髓瘤时，其血液和尿液中常会出现异常蛋白质。犬的骨髓瘤并不是很罕见，其发生部位和人的相似，椎骨、骨盆、肋骨和长骨是最常见的部位。不同年龄的犬（1～10 岁）都可发生，而在人最多见于老年人。在猪和马骨髓瘤都是罕见的，在我们的材料中有两头猪的骨髓瘤，整个骨的切面都呈绿色。罹患多发性骨髓瘤的家畜和人，在其他器官中也常见到结节状或弥漫性肿瘤生长。

B. 其他（others）

尽管在犬曾有过骨的原发性网状细胞肉瘤（primary reticulosarcomas of bone）的报道，但我们还没有能够在家畜研究到这种类型的肿瘤。骨的原发性淋巴肉瘤在家畜尚无记载。然而，成年牛患多中心型和胸腺型淋巴肉瘤时，肋骨和椎骨常会被肿瘤组织部分地破坏。在犬和猫的淋巴肉瘤，则很少见到破坏性的骨病变。

Ⅴ. 血管肿瘤

A. 血管瘤（haemangioma）（图 21 - 23、图 21 - 24）

血管瘤是由新形成的毛细血管或海绵状血管所构成的良性肿瘤。家畜（犬）中只报道过 1 例发生在椎骨，椎骨也是人的血管瘤最常见的部位，椎骨还见过骨的多发性血管瘤。

B. 血管肉瘤（恶性血管内皮瘤）（haemangiosarcoma，malignant haemangioendothelioma）（图 21 - 25、图 21 - 26）

这是一种恶性肿瘤，其特征是形成不规则吻合的血管腔。腔内衬一层或多层非典型性内皮细胞；这些细胞常不成熟，并伴有分化不良或间变组织的实体团块。骨或骨和软组织的多发性血管肉瘤可发生在犬、马和人。这种类型的肿瘤在犬并不少见，可侵犯长骨（肱骨近端）和扁骨（肋骨）。这种有破坏性的肿瘤恶性程度很高，能迅速转移到肺。因此，有时对于骨和其他组织中的血管肉瘤，很难明确它是属于多中心发生的还是转移性的。

必须特别注意，要把血管肉瘤与多血管型毛细血管扩张性骨肉瘤、动脉瘤性骨囊肿及非典型恶性滑膜瘤区别开来。

Ⅵ. 其他肿瘤

A. 纤维肉瘤（fibrosarcoma）（图 21 - 27）

这种恶性肿瘤的特征是瘤细胞能产生交织成束的胶原纤维，无其他类型的组织分化。此瘤在犬的长骨以及绵羊和马的下颌骨中可形成溶骨性病变。在晚期病例，特别是犬和猫，很难判断它主要是骨的一种原发性肿瘤，还是侵犯到骨的一种软组织肿瘤。必须把它同纤维肉瘤型骨肉瘤区分开来，后者只含有少量肿瘤性骨成分。

B. 脂肪肉瘤（liposarcoma）（图 21 - 28、图 21 - 29）

这种恶性肿瘤的特征是具有成脂肪细胞性分化，表现为存在处于不同分化阶段的非典型成脂肪细胞。此瘤在人极为罕见，在年轻犬的骨干骺端曾有报道。有 1 只病犬，其长骨和其他器官都有多发性的脂肪肉瘤。

C. 骨脂肪肉瘤（恶性间叶瘤）（osteoliposarcoma，malignant mesenchymoma）（图 21 - 30）

这是一种由骨肉瘤组织和脂肪肉瘤组织所组成的恶性肿瘤。此瘤在犬很少见。

D. 长骨"釉质瘤"（"adamantinoma" of long bones）

这种恶性肿瘤的特征是由梭形细胞围绕的界限明显的上皮细胞团块。这种上皮组织的结构与颌骨的成釉细胞瘤（"釉质瘤"）（ameloblastoma，"adamantinoma"）相似。此瘤在人很少见，据报道曾见于犬。

E. 未分化肉瘤（undifferentiated sarcoma）

这种恶性肿瘤具有多形性结构，没有任何特定的组织学分化模式。检查时如材料太少，特别是从恶性肿瘤的外围区取样，可能做出未分化肉瘤的诊断。在我们后期的研究材料中，由于应用巨切片法进行了广泛检查，未分化肉瘤的数量比早期的减少了。但有时即使仔细检查，仍有一些病例没有发现特定的分化模式。

Ⅶ. 转移性肿瘤

犬和猫骨骼的转移性肿瘤有重要的诊断意义，因为这些肿瘤的临床和 X 光表现很像骨肉瘤或其他恶性骨肿瘤（骨髓瘤）。肋骨、椎骨和长骨是这些多发性转移的好发部位，而原发性肿瘤通常位于乳腺、肺或前列腺。

Ⅷ. 未分类肿瘤

这类肿瘤所包括的，或是表现本分类中一类以上特征的肿瘤，或是其特征迄今还未被认识清楚的肿瘤。猫的有些肿瘤分类就特别困难。

Ⅸ. 瘤样病变

A. 孤立性骨囊肿（单纯性或单房性骨囊肿）（solitary bone cyst，simple or unicameral bone cyst）（图 21 - 31、图 21 - 32）

这是一种充满透明或血色液体的单房性囊腔，腔壁衬以由疏松结缔组织和散在的破骨性巨细胞构成的厚度不等的膜。囊壁组织中常含有条索状纤维蛋白样物质，或玻璃样变、钙化的结缔组织，偶尔也可见骨小梁。这种囊肿在幼犬的长骨中很少见。多发性骨囊肿只有少数几例被报道。

B. 动脉瘤性骨囊肿（aneurysmal bone cyst）（图 21 - 33）

这是一种不断扩张的溶骨性病变，是由大小不一的充满血液的腔隙组成，腔隙间由内含骨小梁或骨样组织和破骨巨细胞的结缔组织分隔。这种病变最近在猫的椎骨已有报道。

C. 近皮质骨囊肿（软骨下骨囊肿）（juxtacortical bone cyst，subchondral bone cyst）

这是一种良性、囊性并且常为多房性的病变，是由广泛发生黏液样变的纤维组织构成的，发生在邻近关节的软骨下骨组织中。这种病变在年轻马特别是它的趾骨已有报道。在人并不少见，通常侵犯胫骨或肱骨的下端。

D. 纤维结构发育不良（fibrous dysplasia）（图 21 - 34）

这是一种良性病变，可能是发育上的问题，其特征是出现呈典型螺纹状的，并包含不成熟非板层骨小梁的纤维结缔组织。年轻马下颌骨和上颌骨的单发性病变，与人的纤维结构发育不良相似，并不少见，在兽医文献中曾把这种病变称为纤维骨瘤（fibroosteoma）。纤维结构发育不良在犬、猫和猪都很少见。在犬，曾有人描述过一种家族性的多骨性纤维结构发育不良，伴有骨膜下皮质缺损。

E. "骨化性肌炎"（"myositis ossificans"）（图 21 - 35）

这是一种非肿瘤性病变，发生在骨的外表面（骨化性骨膜炎，periostitis ossificans）并向软组织扩展，或发生在远离骨膜的软组织中。这种病变的特征是骨形成性纤维组织增生，也可能存在软骨组织。这种病变在家畜很少见，但据了解在猫和猪都曾见过。

F. 甲状旁腺机能亢进性棕色瘤（brown tumour of hyperparathyroidism）

这是一种由大量破骨巨细胞组成的局限性病变，巨细胞常成群排列，由血管丰富的纤维组织分隔，其中有的骨形成区常见出血灶。在周围的骨组织中，有明显的破骨细胞性吸收和成骨细胞骨形成增多的现象。这种病变在家畜少见。

G. 趾骨表皮样囊肿（epidermoid cyst of the phalanx）

这是一种扩张性生长的囊肿，囊壁衬以角化的鳞状上皮。这种病变在犬很罕见，可能类似于骨囊肿及其他良性病变。

H. 其他 (others)

传染性肉芽肿性疾病的骨病变通常是容易与肿瘤区分的，但在某些疾病，特别是马结核病和犬球孢子菌病，其病变在影像学或组织学上可能与肿瘤混淆。

（二）关节和相关结构肿瘤

Ⅰ. 滑膜肉瘤（恶性滑膜瘤）（synovial sarcoma，malignant synovioma）（图 21-36 至图 21-38）

这种表现为双相细胞模式的恶性肿瘤，是由裂隙状或腺泡状结构组成的，裂隙或腺泡壁衬以上皮样细胞，其或有或无黏液样物质，这种结构被网状蛋白和能产生胶原的纤维肉瘤样梭形细胞区所分隔，细胞区里的细胞密度和玻璃样变的程度不一。家畜滑膜肉瘤发生钙化的现象比人的少见。在上皮细胞和梭形细胞区的细胞间物质中，有时可见到黏蛋白。在不同的肿瘤中，这两种成分所占的比例差异很大。有些肿瘤的腺样腔隙极为罕见，而另一些肿瘤的梭形细胞区则极为少见（单相型）。

滑膜肉瘤可发生于不同年龄的犬，很少发生于猫和牛。肿瘤通常发生在四肢关节附近，倾向于侵袭性方式生长，常波及关节和邻近的骨组织。常发生转移，特别是肺和淋巴结转移。至于家畜是否存在真正的良性滑膜瘤，也像人的一样，还有疑问。

Ⅱ. 纤维黄色瘤（纤维组织细胞瘤）（fibroxanthoma，fibrous histiocytoma）（图 21-39）

良性纤维黄色瘤是一种局限性或弥漫性病变，主要由排列成螺纹状或车轮状的能产生胶原的成纤维细胞、黄色瘤细胞、多核巨细胞以及沉着的含铁血黄素组成，可能有钙化的骨样物质。我们曾在犬的趾部和肩胛部见到过这种病变，有些类似于人的所谓结节性腱鞘炎。在马的关节曾有这种病变的记载，其结构类似于人的色素沉着性绒毛结节性滑膜炎。有少数纤维黄色瘤可能是恶性的，因为肿瘤能在局部造成破坏性生长，有一例还发生了远距离转移。它们曾在猫和犬的关节附近或关节内被发现。

Ⅲ. 软组织恶性巨细胞瘤（malignant giant cell tumour of soft tissue）（图 21-40）

这是一种定义不明确的肿瘤，由多形性梭形细胞和胶原纤维构成，整个瘤组织都有大量多核巨细胞。也可发现玻璃样变和软骨样物质区。此瘤有时可累及筋膜，散见于猫。

参考文献（原文）

Schajowicz，F. et al. Histological typing of bone tumours. Geneva，World Health Organization，1972（International Histological Classification of Tumours，No. 6）.

Weiss，E. Tumours of the soft（mesenchymal）tissues. Bulletin of the World Health Organization，50：101-110 （1974）.

Enzinger，F. M. et al. Histological typing of soft tissue tumours. Geneva，World Health Organization，1969 （International Histological Classification of Tumours，No. 3）.

Drieux，H. & Veretennikoff，S. Recueil de medicine viterinaire，1963，139：523-547.

Nielsen，S. W. & Schneller，G. B. Journal of the American Veterinary Medical Association，1952，121：84-89.

Petterson，H. & Sevelin，F. Equine veterinary journal，1968，1：75.

（么宏强、王金玲译，陈怀涛、朱宣人校）

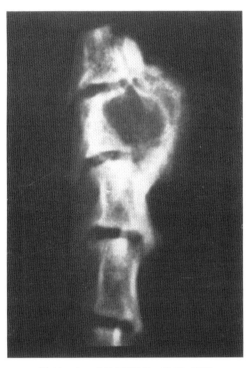

图 21-1　成骨细胞瘤，椎骨（猫）

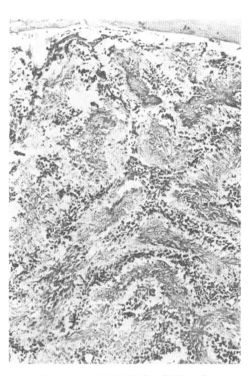

图 21-2　成骨细胞瘤，椎骨（猫）

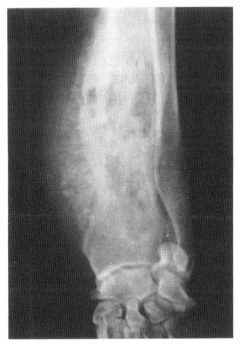

图 21-3　骨肉瘤，桡骨远端（犬），骨硬化-溶骨型；临床 X 光照片

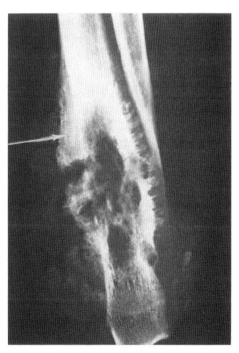

图 21-4　骨肉瘤，桡骨远端（犬），与图 21-3 为同一病例；中位骨片的 X 光照片，箭头所指为柯德曼（Codman）三角（骨膜三角）

图 21-5　骨肉瘤，桡骨远端（犬），骨硬
　　　　　化型；尸检标本的 X 光照片

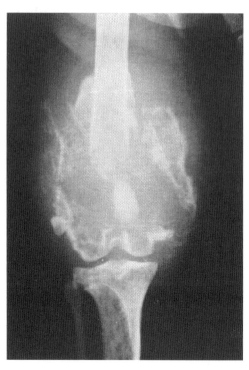

图 21-6　骨肉瘤，股骨远端（犬），溶骨型；
　　　　　临床 X 光照片

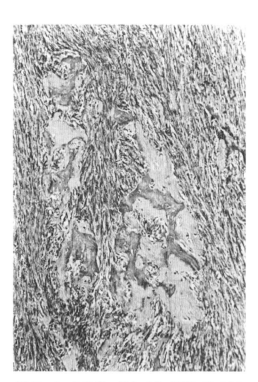

图 21-7　骨肉瘤，复合（骨-纤维）型（犬）

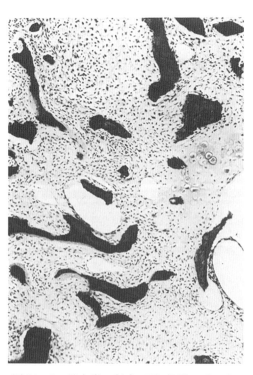

图 21-8　骨肉瘤，复合（骨-软骨）型（犬）

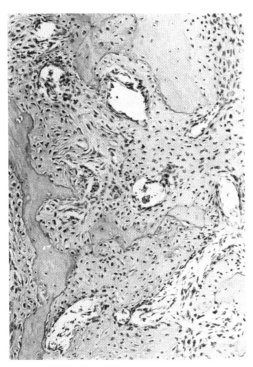

图 21-9　骨肉瘤，单纯成骨细胞型（犬），在
原骨小梁上有肿瘤性类骨质沉着

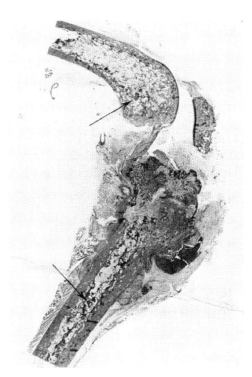

图 21-10　骨肉瘤，胫骨（犬），箭头所示为
多发性骨梗死

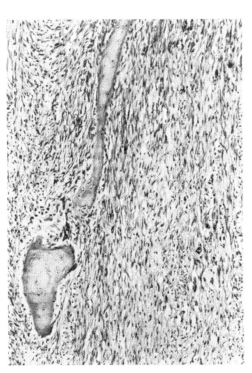

图 21-11　近皮质骨肉瘤，颅骨（羊），细胞性
纤维组织和高度分化的肿瘤性骨

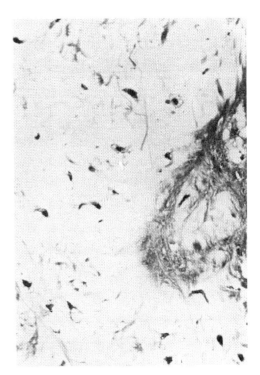

图 21-12　软骨瘤，眶上缘（犬）

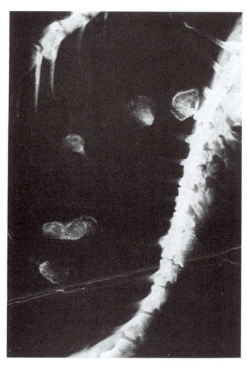

图 21-13 多发性骨软骨瘤，肋骨和脊椎（犬）。
          尸检标本的 X 光照片

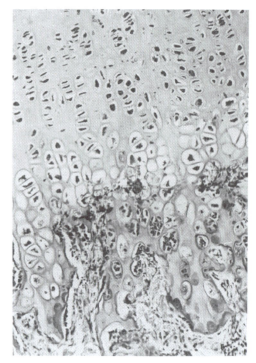

图 21-14 骨软骨瘤，肋骨（犬），类似于
          骺线的软骨内骨化

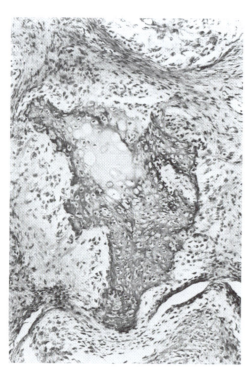

图 21-15 "侵蚀性软骨瘤"，颅骨（犬），钙化
          的软骨岛被梭形细胞围绕

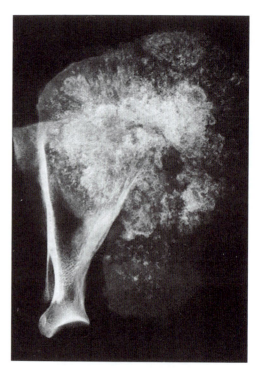

图 21-16 软骨肉瘤，肩胛骨（羊），广泛
          钙化；尸检标本的 X 光照片

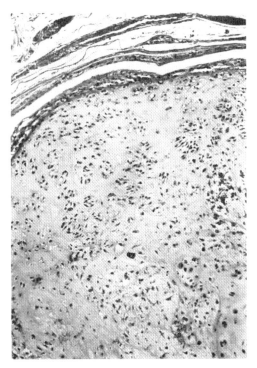

图 21-17 软骨肉瘤，肋骨（犬），
高分化的（Ⅰ级）

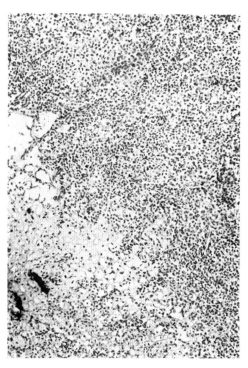

图 21-18 软骨肉瘤，鼻甲骨（犬），
低分化的（Ⅲ级）

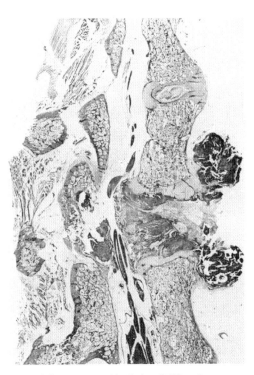

图 21-19 巨细胞瘤，腰椎（犬）

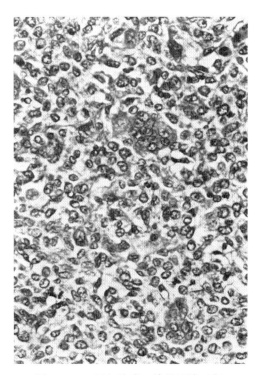

图 21-20 巨细胞瘤，肱骨近端（犬）

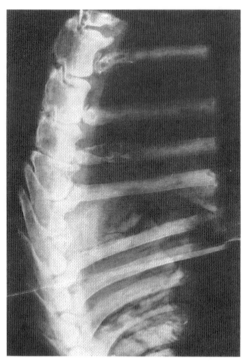

图 21-21 骨髓瘤，肋骨和椎骨的多发性溶骨
病变（犬）；尸检标本的 X 光照片

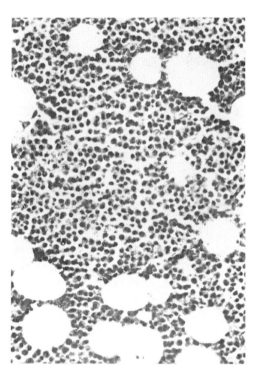

图 21-22 骨髓瘤，胫骨（犬），瘤细胞
类似浆细胞

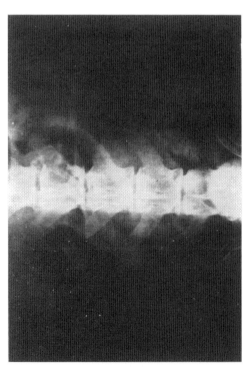

图 21-23 海绵状血管瘤，椎骨（犬）；
临床 X 光照片

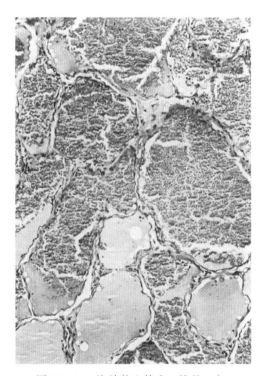

图 21-24 海绵状血管瘤，椎骨（犬）

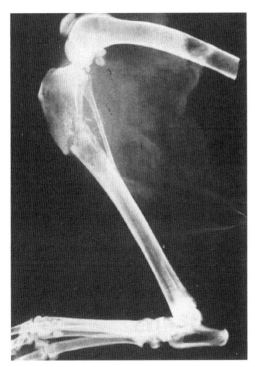

图 21-25　血管肉瘤，胫骨上端（犬），病理性
骨折；尸检标本的 X 光照片

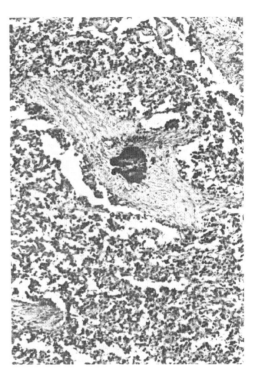

图 21-26　血管肉瘤，额骨（犬）

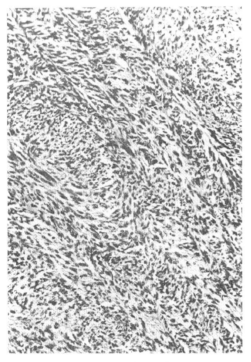

图 21-27　纤维肉瘤，下颌骨（马）

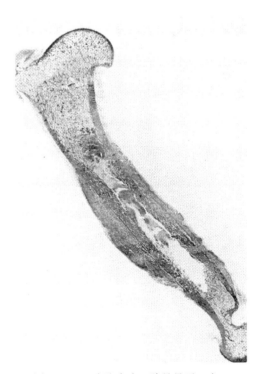

图 21-28　脂肪肉瘤，肱骨骨干（犬），
广泛性坏死和骨膜反应性骨

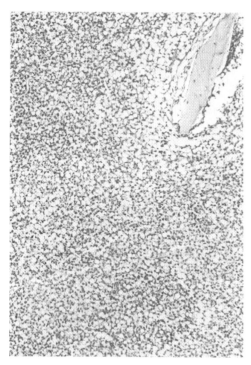

图 21-29　脂肪肉瘤，肱骨骨干（犬）

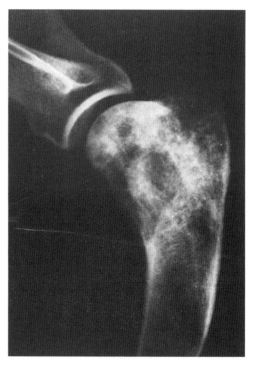

图 21-30　恶性间叶瘤（骨肉瘤 ＋ 脂肪肉瘤），肱骨近端（犬）；尸检标本的 X 光照片

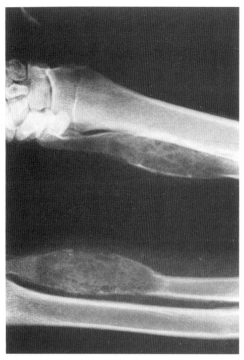

图 21-31　孤立性骨囊肿，尺骨远端（幼犬），其照片影像也与动脉瘤性骨囊肿相似；临床 X 光照片

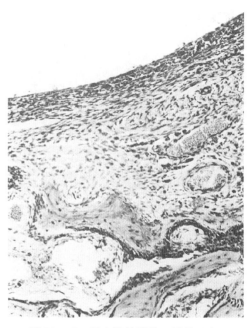

图 21-32　孤立性骨囊肿，尺骨（犬）

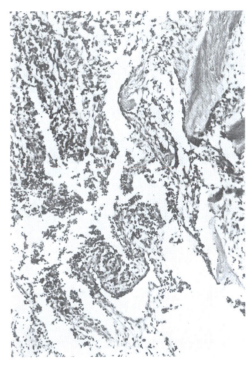

图 21-33 动脉瘤性骨囊肿，髂骨（猫）

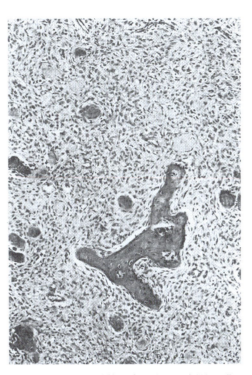

图 21-34 纤维结构发育不良，上颌骨（猫）

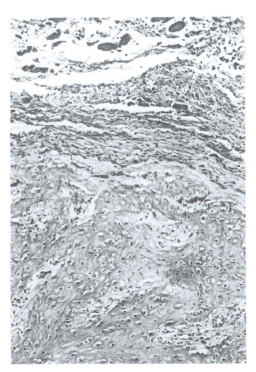

图 21-35 "骨化性肌炎"，右肘鹰嘴部
附近（猫）

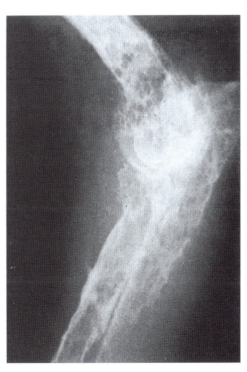

图 21-36 恶性滑膜瘤，跗关节（犬），许多
骨骼被广泛波及；临床 X 光照片

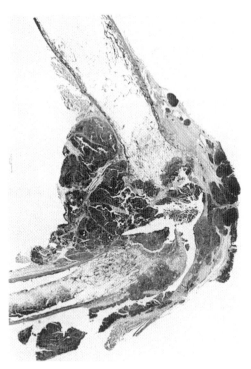

图 21-37　恶性滑膜瘤，股胫关节（犬）

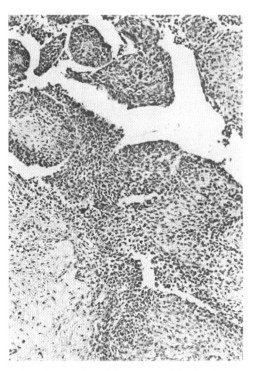

图 21-38　恶性滑膜瘤，肱桡关节（犬）

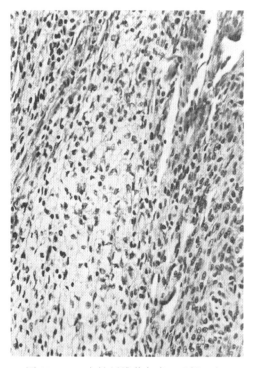

图 21-39　良性纤维黄色瘤，趾部（犬）

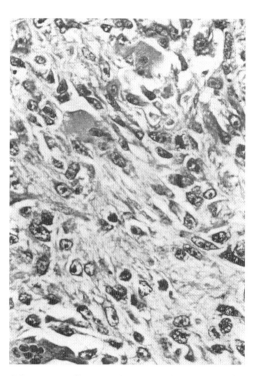

图 21-40　软组织恶性巨细胞瘤，后肢（猫）

图书在版编目（CIP）数据

家畜肿瘤国际组织学分类 / 世界卫生组织专家组编；
陈怀涛译 . -- 北京：中国农业出版社，2024. 10.
ISBN 978-7-109-32616-3

Ⅰ. S858.2

中国国家版本馆 CIP 数据核字第 2024E0Y587 号

家畜肿瘤国际组织学分类

JIACHU ZHONGLIU GUOJI ZUZHIXUE FENLEI

中国农业出版社出版

地址：北京市朝阳区麦子店街 18 号楼

邮编：100125

责任编辑：武旭峰

版式设计：杨 婧 责任校对：张雯婷

印刷：北京印刷集团有限责任公司

版次：2024 年 10 月第 1 版

印次：2024 年 10 月北京第 1 次印刷

发行：新华书店北京发行所

开本：889mm×1194mm 1/16

印张：16.75

字数：507 千字

定价：148.00 元